WERKSTATTBÜCHER
FÜR BETRIEBSFACHLEUTE, KONSTRUKTEURE UND STUDIERENDE
HERAUSGEBER DR.-ING. H. HAAKE, HAMBURG

===== HEFT 122 =====

Hydraulische Werkstückspanner

Von

Ing. Wilh. Ph. Ferling VDI

Augsburg

Mit 92 Abbildungen

Springer-Verlag
Berlin/Göttingen/Heidelberg
1961

Inhaltsverzeichnis

Seite

Einleitung 3

I. Allgemeines über wirtschaftliches Werkstückspannen 3
   A. Die Stückzahl entscheidet 3
   B. Das Abstimmen der Spannmittel auf die Fertigungsart 4
      1. Für die Kleinstserie S. 4. — 2. Für die Kleinserie S. 4. — 3. Für die Mittelserie S. 4. — 4. Für die Großmengenfertigung S. 5.
   C. Angriffsarten der Werkzeuge beim Fräsen 5
      5. Gegenlauf- und Gleichlauffräsen S. 5. — 6. Stückzahl in einer Aufspannung S. 5.
   D. Mehrstückspannen 6
      7. Höhenunterschiede der Werkstücke und ihr Ausgleich S. 6. — 8. Parallele Flächen sind selten planparallel S. 6. — 9. Mehrseitiges Mehrstückspannen S. 6. — 10. Mehrstückspannen mit Hebelübertragungen S. 7. — 11. Mehrstückspannen mit hydraulischer Kraftübertragung S. 7. — 12. Kräfteausgleich S. 7.
   E. Grundsätzliches über hydraulische Werkstückspanner 7

II. Hydraulische Kraftübertragung 8
   A. Grundsatz und Arten der Hydraulik 8
   B. Hydraulik im Vorrichtungsbau 9
      13. Vorzugsweise Anwendung der Hydrostatik S. 9. — 14. Plastische Masse als Druckübertragungsmittel S. 10. — 15. Öle als Triebmittel S. 10.

III. Handbetätigte hydraulische Werkstückspanner 11
   A. Grundsätze zur Gestaltung 11
      16. Bemessung der Grundkörper S. 11. — 17. Druckerzeugung S. 11. — 18. Größe der Kräfte S. 12. — 19. Zulässige Flächenpressung an den Spannstellen S. 12. — 20. Höchstdrücke, Rechenbeispiele S. 13.
   B. Kanäle und Kolben für plastische Massen 14
      21. Die Kanäle S. 14. — 22. Lange Druckwege S. 15. — 23. Kanalquerschnitte S. 15. — 24. Die Kolben S. 15. — 25. Die Kolbenform S. 15. — 26. Die Stelle für die Druckschraube im Kanalsystem S. 16.
   C. Kraftübertragung mit Mineralöl 16
      27. Kanäle S. 16. — 28. Öl oder plastische Masse? S. 17. — 29. Kolbenführung (Zylinder) S. 17. — 30. Dichtungen S. 17. — 31. Topfmanschetten S. 18. — 32. Nutringe S. 20. — 33. Rundschnur- und O-Ringe S. 20. — 34. Lösung der Abdichtprobleme S. 21.
   D. Konstruktionsrichtlinien für die Spanner 21
      35. Kolbenträger und Widerlager starr verbunden S. 21. — 36. Kolbenträger als Schwenkteil S. 22. — 37. Kolbenschwenkteil als Spannelement S. 23. — 38. Mittelbares Spannen S. 24. — 39. Spannen in verschiedenen Ebenen S. 27. — 40. Höhenausgleich S. 28. — 41. Hydraulische Dehndorne und Schrumpffutter S. 29.
   E. Rückholeinrichtungen für die Kolben 30
      42. Zusammenhang zwischen Druck- und Spannkolben S. 30. — 43. Ungleichmäßige Rückzugsbewegung der Spannkolben S. 31. — 44. Die einfachste Rückholeinrichtung S. 31. — 45. Begrenzung des Kolbenweges S. 32. — 46. Klappen ohne Rückholeinrichtung S. 32. — 47. Systeme mit Rückholeinrichtung S. 33. — 48. Verschiedene Rückholeinrichtungen S. 34.
   F. Beispiele ausgeführter handbetätigter Hydrospanner 35
      49. Fräsvorrichtung für Gabelbolzen S. 35. — 50. Fräsvorrichtung für Hebel S. 36. — 51. Schleifvorrichtung für Winkelstück S. 38. — 52. Fräsvorrichtung für Lager S. 40. — 53. Schleifvorrichtung für Gleitstein S. 41. — 54. Bohrvorrichtung für Doppelhebel S. 43. — 55. Fräsvorrichtung für Nutenglocke S. 44. — 56. Hydraulische Einbauelemente S. 46. — 57. Ölhydraulisch betätigte Mehrstellen-Schnellspannvorrichtung S. 48. — 58. Hydraulische Dehndorne S. 49. — 59. Hydraulische Futter S. 50. — 60. Hydraulische Stirnseitenmitnehmer S. 51.

IV. Kraftbetätigte Werkstückspanner 51
    61. Erwägungen zur Wirtschaftlichkeit S. 51. — 62. Hydraulik, Preßluft- oder Elektrospanner? S. 52. — 63. Handelsübliche Preßluft- und Hydraulikspanner S. 53. — 64. Kraftbetätigte Sondervorrichtungen S. 54.

V. Die Fertigung hydraulischer Werkstückspanner 55
    65. Zusammenarbeit von Gestaltung und Fertigung S. 55. — 66. Herstellung und Erprobung der Zylinderbohrungen S. 56. — 67. Einfüllen der plastischen Masse S. 56. — 68. Kontrolle des Spannvorganges S. 57. — 69. Behandlung der Dichtungen S. 58. — 70. Unfallgefahr beachten! S. 58.

VI. Schrifttum und Firmen 59

Die Wiedergabe von Gebrauchsnamen, Handelsnamen, Warenbezeichnungen usw. in diesem Buche berechtigt auch ohne besondere Kennzeichnung nicht zu der Annahme, daß solche Namen im Sinne der Warenzeichen- und Markenschutz-Gesetzgebung als frei zu betrachten wären und daher von jedermann benutzt werden dürften. Alle Rechte, insbesondere das der Übersetzung in fremde Sprachen, vorbehalten. Ohne ausdrückliche Genehmigung des Verlages ist es auch nicht gestattet, dieses Buch oder Teile daraus auf photomechanischem Wege (Photokopie, Mikrokopie) zu vervielfältigen. —

ISBN 978-3-540-02773-7   ISBN 978-3-642-87023-1 (eBook)
DOI 10.1007/978-3-642-87023-1

Einleitung

In der Fertigung, z. B. an einer Fräsmaschine, kann man mehrere Werkstücke — oder ein Einzelstück an mehreren Stellen — zugleich mit einem Handgriff rein mechanisch nur spannen, wenn wegen der unvermeidlichen Unterschiede bei den Werkstückmaßen und den Spannwegen mehr oder weniger umständliche Hebelübertragungen in die Spannvorrichtung eingebaut werden. Schaltet man jedoch zwischen Handgriff und Spannstellen eine hydraulische Kraftübertragung ein, so ist das gleiche Spannen einfacher, zuverlässiger und mit geringerem Kraftaufwand möglich.

Nun gibt es Spannvorrichtungen, die meistens als Bestandteile von Maschinen oder Fertigungsstraßen fest eingebaut sind. Dabei kann man die Spannkräfte mit Drucköl erzeugen und übertragen, denn kleine Undichtigkeiten sind hier unbedenklich, weil der Öldruck in der Zuleitung auf gleicher Höhe gehalten wird. Das Spannen und Lösen wird von Hand oder von der Maschine selbst gesteuert. Wir sprechen hier von „hydraulischen Werkstückspannern mit Kraftantrieb" oder von „kraftbetätigten Hydrospannern".

Anders ist es bei ortsveränderlichen Spannern, die abnehmbar und auch an anderen Maschinen verwendbar sein sollen. Ihr Anschluß an eine Druckölanlage würde sehr umständlich sein. Deshalb muß hier der hydraulische Druck unmittelbar mit der Handbetätigung der Spannvorrichtung erzeugt werden und sich dann unverändert bis zum Lösen halten. Die kleinste Undichtigkeit ist dabei schädlich. Daher ist hier der Betrieb mit Öl als Druckmittel nicht unbedingt sicher. Erst die Einführung geeigneter plastischer Massen, bei denen man auch für hohe Drücke auf besondere Dichtungen verzichten kann, hat den „hydraulischen Werkstückspannern mit Handbetätigung", kurz „handbetätigten Hydrospannern" ihr weites Anwendungsgebiet erschlossen.

Die Gestaltung und Fertigung hydraulischer Spanner ist nicht besonders schwierig. Wer sich aber ohne Kenntnis ihrer Eigenarten an diese Arbeiten heranwagt, wird viel Lehrgeld zahlen müssen. Darüber soll dieses Werkstattbuch hinweghelfen, indem es, aus langer Erfahrung schöpfend, theoretische und praktische Anregungen für Bau und Verwendung gut arbeitender Hydraulikspanner und ihrer Elemente gibt.

I. Allgemeines über wirtschaftliches Werkstückspannen [1]

A. Die Stückzahl entscheidet

Für die Fertigungsplanung entscheidet die Zahl der monatlich anfallenden Werkstücke über die Ausrüstung der bereitzustellenden Fertigungsmittel. Es ist verständlich, daß zur Fertigung großer Mengen mehr Geld für die Betriebsmittel ausgegeben werden kann, als bei einer Einzel- oder Kleinstserienfertigung. Dementsprechend ist auch die Ausrüstung mit mehr oder minder kostspieligen Spannorganen das eine Mal gerechtfertigt und ein andermal nicht mehr vertretbar.

Für die Groß- und Kleinstserienfertigung liegen die Verhältnisse ganz klar: für die eine können Sekundeneinsparungen an Spannzeiten durch geschickt gewählte Spannsysteme äußerst wirksam sein; bei der anderen versickern die paar Sekunden, die sich bei der geringen Stückzahl nicht nennenswert summieren, ohne greifbares Ergebnis. Dementsprechend verträgt auch eine Großstückzahlvorrichtung einen höheren Kostenaufwand für zeitsparende Spanneinrichtungen; die Mehrkosten werden in kurzer Zeit durch die größere Ausstoßmenge gedeckt. Bei den Vorrich-

---

[1] Vgl. das Schrifttum am Schluß des Buches.

tungen für Kleinstserien sind nur die einfachsten Spannmittel tragbar; der Kostenaufwand für hochgezüchtete Spannorgane würde sich hier in absehbarer Zeit kaum tilgen lassen.

Das richtige Verhältnis vom Betriebsmittelaufwand zur Werkstückfertigungszeit ist am schwierigsten bei der Klein- und Mittelserie zu finden. Hier muß bei der Betriebsmittelplanung in jedem Fall durch Kostenvergleiche genau untersucht werden, wie hoch der Aufwand an Spannmitteln sein darf.

Für alle Fertigungsarten bleibt aber immer das Gebot bestehen, die Spannzeiten soweit wie möglich herunterzudrücken. Das Spannzeitkürzen ist jedoch nicht besonders interessant, wenn es sich dabei um nur *eine* Spannstelle handelt. Dort bewähren sich immer noch das einfache Spanneisen und die Spannschraube, die man in ihrer Wirkung und Ausführung nicht mehr verbessern kann.

Sind aber *mehrere* Werkstücke für einen Arbeitsvorgang zu spannen oder bei *einem* Werkstück *mehrere* Spannstellen zu betätigen, dann ist immer zu untersuchen, ob die einzelnen Spannmittel zusammengefaßt und von einer Stelle aus mit *einem* Griff gespannt werden können. Durch reine Hebelanordnungen lassen sich solche Aufgaben selten in befriedigender Weise lösen. Daher bieten sich hier gute Einsatzmöglichkeiten für hydraulische Spannsysteme. Sie gewinnen um so mehr an Bedeutung, je mehr Spannstellen zugleich betätigt werden können.

B. Das Abstimmen der Spannmittel auf die Fertigungsart

1. Für die Kleinstserie (bis 40 Stück), auch wenn sie in kurzen Zwischenräumen immer wieder erscheint, sind nur Sondervorrichtungen mit den einfachsten Spannelementen tragbar (Spanneisen, Spannschrauben, Exzenter, Keile usw.). In geeigneten Fällen können jedoch auch hebelmechanische oder hydraulische Spannelemente aus dem Baukasten vorgesehen werden. Sie sind aber bei öfterer Wiederkehr der kleinen Serien nur dann mit Vorteil zu verwenden, wenn für das jeweilige Ein- und Ausbauen weniger Zeit als für das Spannen mit einfachsten Mitteln aufgewendet wird. Also nur, wenn der Wechsel mit wenigen Handgriffen vorgenommen werden kann. Es ist auch bei größer werdendem Vorrichtungspark darauf zu achten, daß immer genug Baukastenelemente bereitstehen. Es sollte nicht vorkommen, daß eine Vorrichtung deswegen nicht rechtzeitig eingesetzt werden kann, weil die benötigten Spannmittel nicht greifbar sind.

2. Für die Kleinserie (rd. 40 ⋯ 100 Stück) sind, wie bei der Kleinstserie, und besonders dann, wenn das Werkstück nur an *einer* Stelle gespannt wird, die einfachsten Spannmittel vorzusehen. Sind jedoch an jedem Werkstück *mehrere* Spannstellen zu berücksichtigen, oder sind *mehrere* Werkstücke für *einen* Arbeitsvorgang zu spannen, dann lohnt sich hier schon, besonders bei den größeren Stückzahlen, der Einsatz zeitsparender Vorrichtungen durch Vereinigen einfacher Hebel- oder Hydraulikspanner. Man wird aber nur zu besseren Mitteln greifen, wenn sich die damit zu erreichende Spannzeiteinsparung mit dem Kostenaufwand für diese Mittel deckt. In manchen Fällen werden höhere Aufwendungen auch durch die Entlastung der Werkzeugmaschinen aufgewogen.

3. Für die Mittelserien (rd. 100 ⋯ 1000 Stück) müssen in jedem Fall die Spannzeiten soweit wie möglich gekürzt werden. Hier summieren sich Minuten zu ansehnlichen Beträgen. Die Mittelserie ist die eigentliche Domäne für gut eingerichtete Sonderbetriebsmittel mit Mehrstückspanneinrichtungen. Die auftretenden Spannaufgaben lassen sich hier nur noch selten mit einfachen Hebelmechanismen befriedigend lösen. Hier können aber mit bestem Erfolg hydraulische Mittel eingesetzt werden. Inwieweit Sondereinrichtungen mit in sich geschlossenem hydraulischem

System bevorzugt oder Grundvorrichtungen zur Lagebestimmung (Positionierungsvorrichtungen) durch handelsübliche Einbauteile ergänzt werden, richtet sich nach der Werkstückform, der Werkzeugmaschine und den Kräften beim Werkzeugangriff.

4. **Für die Großmengenfertigung** (über 1000 Stück) sind Einrichtungen, die für eine Mittelserie gut durchdacht und brauchbar sind, hinsichtlich ihrer Spannleistung nicht mehr wesentlich verbesserungsfähig. Es werden meist nur noch Arbeitserleichterungen geschaffen, die aber gleichzeitig auch spannzeitverkürzend wirken können. Die Spannmittel können in ihrer Arbeitsweise und ihrer Grundform gleichbleiben; sie werden aber nicht mehr durch Handkraft, sondern über Druckknöpfe durch elektrische, pneumatische oder hydraulische Antriebskräfte betätigt.

Grundsätzlich ist bei den Bemühungen um gute und zeitsparende Spannmittel immer zu beachten: Jedes Betriebsmittel kostet Geld, und dieses Geld muß wieder hereingewirtschaftet werden. Ob diese Rechnung ohne Verlust aufgeht, ist von dem Aufwand abhängig, der mit und an den Betriebsmitteln getrieben wird.

C. Angriffsarten der Werkzeuge beim Fräsen

5. Gegenlauf- und Gleichlauffräsen. Das Bestreben, das Werkstück aus seinem Spannzeug herauszureißen, ist bei dem üblichen Gegenlauffräsen auf die Angriffsart des Fräsers zurückzuführen: Die Schneiden versuchen, das Werkstück von seiner Unterlage abzuheben (Abb. 1). Wesentlich besser ist es, wenn im Gleichlauf gefräst werden kann. Hier drücken die Schnittkräfte das Werkstück auf die Unterlage (Abb. 3). Da aber viele Fräsmaschinen (besonders ältere) nur für das Gegenlauffräsen gebaut sind — Gleichlauffräsen also nicht möglich ist —, kann der erwähnte Vorteil nicht immer berücksichtigt werden. In jedem Fall sind aber die Werkstücke so zu spannen, daß sie unter der jeweils wirksamen Angriffsart unverrückbar festgehalten werden.

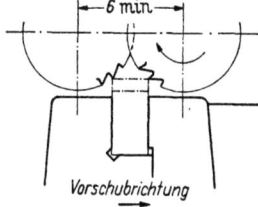
Abb. 1. Gegenlauffräsen. Das Werkstück wird von der Auflage abgehoben. Einstückspannen: 5 Stck = 30 min Laufzeit

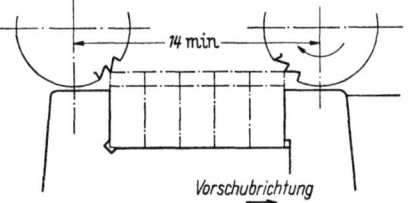
Abb. 2. Gegenlauffräsen. Mehrstückspannen: 5 Stck = 14 min Laufzeit

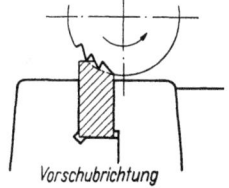
Abb. 3. Gleichlauffräsen. Das Werkstück wird gegen die Auflage gedrückt!

6. Stückzahl in einer Aufspannung. Wenn keine zusätzlichen Sicherungen gegen das Herausreißen vorgesehen werden können, sollte man sich beim Hintereinanderspannen auf wenige Stücke (nicht mehr als 5) beschränken. Das bringt bei entsprechender Gesamtstückzahl und geschickter Anordnung der Spannmittel gegenüber dem Einzelstückspannen schon wirtschaftliche Vorteile (Abb. 1 u. 2). Bei immer wiederkehrenden Serien wird man aber versuchen, die Vorrichtung so auszurüsten, daß An- und Ablauf des Werkzeugs sich auf möglichst viele Werkstücke verteilen. Um beim Pendelfräsen ein Arbeiten ohne nennenswerten Stillstand der Maschine zu ermöglichen, muß die Spannzeit kürzer sein als die Laufzeit. In diesen Fällen wird oft die vorgeschlagene Zahl von 5 Stück zu gering sein. Größere Sätze lassen sich aber ohne die Verwendung von hydraulischen oder pneumatischen Mitteln nicht mehr wirtschaftlich spannen.

D. Mehrstückspannen

Werden Werkstücke gleicher Art in größeren Stückzahlen gefertigt, dann wird man bei einigen Arbeitsvorgängen — besonders beim Fräsen und Schleifen — versuchen, mehrere Werkstücke hintereinander oder nebeneinander zu spannen. Die Maschinenlaufzeit kann dabei erheblich gesenkt werden (Abb. 1 u. 2). Durch gute Wahl und geschicktes Anordnen der Spannmittel wird es auch möglich sein, die Spannzeiten zu kürzen. Mit Wechselmagazinen oder beim Einsatz von 2 gleichen Vorrichtungen im Pendelverfahren läßt sich die Spannzeit fast ganz in die Laufzeit legen. Während das Hintereinanderspannen planbearbeiteter Werkstücke in oder gegen die Vorschubrichtung wenig Schwierigkeiten bereitet und mit einfachen Mitteln durchgeführt werden kann (Abb. 2), erfordert das Nebeneinanderspannen oft einen großen Aufwand an Spannmitteln und Spannzeiten (Abb. 4 ··· 6).

7. Höhenunterschiede der Werkstücke und ihr Ausgleich. Werkstücke, deren Höhenunterschiede an den Spannstellen innerhalb vorgeschriebener, enger Toleranzen nur ganz gering sind, oder Werkstücke, die in einem Arbeitsvorgang satzweise auf gleiche Höhe geschliffen sind, können durch kammartig geschlitzte Spanneisen aus zähem, federndem Stahl zugleich gespannt werden. Zum Andrücken mehrerer ungleich hoher Teile an eine feste Anlage werden auch Zwischenlagen, Gummi, Kunststoff oder Federn, verwendet. Sie dienen im wesentlichen nur zum *Bestimmen*[1] der Werkstücke; gespannt wird durch ein besonderes Organ (Abb. 4). Geschlitzte oder gummibestückte Spanneisen sind aber nur bei Kleinteilen und auch dort nur bei kleinen Bearbeitungskräften mit Erfolg anwendbar.

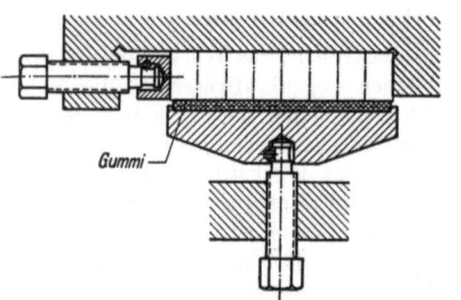

Abb. 4. Spannen mit elastischer Zwischenlage. Nur zum Bestimmen, wenn geringe Kräfte auf das Werkstück wirken

8. Parallele Flächen sind selten planparallel; sie liegen mehr oder minder keilförmig zueinander. Werden dergestaltige Teile aufeinandergelegt, dann können sich die geringen Keilwinkel addieren. Das wirkt sich natürlich um so ungünstiger aus, je mehr Stücke aufeinanderliegen. So ist es zu erklären, daß sich das Paket schon beim Spannen aufbäumt und einzelne Stücke heraussteigen. Erschütterungen beim Werkzeugangriff tun das ihre, um das Paket weiter zu entspannen. Die gelockerten Teile werden vom Werkzeug erfaßt und herausgerissen. Dabei werden Werkzeug und Werkstück in den meisten Fällen zerstört oder zumindest erheblich beschädigt.

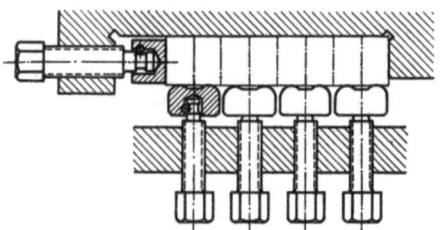

Abb. 5. Lange Spannzeit. Nur für kleine Serien (bis 40 Stck)

9. Mehrseitiges Mehrstückspannen. Um auch dann größere Stückzahlen aufnehmen und festhalten zu können, wenn keine besonderen Sicherungen gegen Hochreißen möglich sind, wird man die Teile nicht nur im Paket gemeinsam gegen *eine* Anlage spannen, sondern jedes Stück zusätzlich durch eine Druck-

---

[1] „Bestimmen" = Ausrichten (Bestimmen der Lage). Siehe Schrifttum: MAURI u. SCHREYER sowie VDI-Richtlinie 3247.

schraube oder je zwei Stück durch Doppelspanneisen gegen eine *zweite* feste Anlage klemmen. Das bedeutet bei 8 hintereinanderliegenden Werkstücken: Statt bisher *einer* Spannschraube sind nun mindestens 5 Spannmittel zu betätigen. Die Spannzeit wird erheblich verlängert (Abb. 5).

10. Mehrstückspannen mit Hebelübertragungen. Man kann wohl 4, 8 oder mehr Spannstellen mit Hebelübertragungen zusammenfassen und durch *ein* Organ gleichzeitig betätigen (Abb. 6). Das ist aber wenig sinnvoll und bewährt sich nicht in der Praxis. Der Hebelmechanismus wird so verkünstelt, daß der Aufwand in keinem Verhältnis zum Erfolg steht. Es gibt Schraubstöcke, deren Backen (oder eine) nach diesem oder einem ähnlichen Gedanken zum Mehrstück- oder Formstückspannen eingerichtet sind. Sie bewähren sich in ihrer Eigenschaft als Schraubstöcke; die Bauart läßt sich aber nur selten bei Vorrichtungen anwenden. Abgesehen davon, daß solche Hebelverbindungen kostspielig sind und viel Platz beanspruchen, sind sie auch recht anfällig für Störungen.

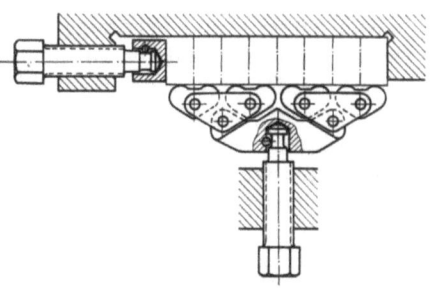

Abb. 6. Spannzeit kürzer. Hebelmechanismus teuer und anfällig für Störungen

11. Mehrstückspannen mit hydraulicher Kraftübertragung. Die Spannkräfte können von einer Kraftstelle aus auf mehrere Spannstellen statt über Hebel wesent-

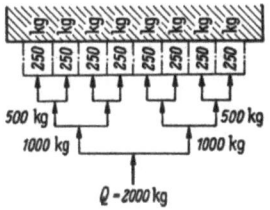

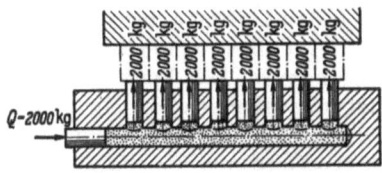

Abb. 7. Spannen durch Hebelübersetzung. Bei 8 Spannstellen ist die Ausgangskraft je Spannstelle nur $1/_8$ der Eingangskraft Q

Abb. 8. Hydraulisches Spannen. Bei gleichem Kolbendurchmesser ist die Ausgangskraft an jeder Spannstelle gleich der Eingangskraft

lich einfacher hydraulisch übertragen werden. In den Abb. 7 und 8 werden beide Arten in schematischer Darstellung nebeneinander gezeigt.

12. Kräfteausgleich. Eine einfache Rechnung zeigt, daß die Weiterleitung der Kräfte hydraulisch günstiger ist als mit Hebeln. Bei Hebelübertragungen (Abb. 7) nehmen die Teilkräfte von Übersetzung zu Übersetzung ab, so daß die Ausgangskraft an den einzelnen Spannstellen nur noch einen Bruchteil der Eingangskraft beträgt. Beim hydraulischen Spannen (Abb. 8) sind die Ausgangskräfte bei gleichem Kolbendurchmesser den Werten der Eingangskraft gleich, können aber durch Kolben mit anderen Durchmessern auch verringert oder erhöht werden.

E. Grundsätzliches über hydraulische Werkstückspanner

Werkstückspanner werden bereitgestellt, um den Fertigungsablauf wirtschaftlicher zu gestalten, um die Güte der Erzeugnisse zu sichern oder zu erhöhen und um den Arbeiter von körperlicher Schwerarbeit zu entlasten. Auf diesem Grundgedanken beruht die Gestaltung und Fertigung aller Werkstückspanner. Auch für die hydraulischen Werkstückspanner gelten die gleichen Richtlinien:

a) Die Werkstücke müssen sicher „bestimmt" sein;

b) sie müssen so gespannt sein, daß sie unter dem Werkzeugangriff ihre Lage nicht verändern;
c) das Werkstück darf durch den Spanndruck nicht verformt werden;
d) es muß — besonders bei großen Serien — unmöglich sein, die Werkstücke falsch einzulegen;
e) die Vorrichtung muß unfallsicher sein;
f) sie muß leicht zu betätigen und leicht zu reinigen sein;
g) sie muß kürzesten Werkstückwechsel und kürzeste Spannzeit ermöglichen.

Konstruktion und Fertigung sind bei hydraulischen Werkstückspannern nicht schwieriger als bei anderen Spannern. Voraussetzung ist allerdings, daß man sich gut mit den Eigenarten der Hydraulik und ihren Elementen vertraut macht. Nicht immer genügt jedoch das theoretische Wissen allein als Unterlage für den Entwurf gut arbeitender hydraulischer Werkstückspanner. Aus diesem Grunde werden hier Spanner gezeigt, die ursprünglich aus theoretischen Erwägungen entstanden sind und nach langem betrieblichem Einsatz ihre endgültige Form erhalten haben.

Es wird dabei nicht nur gesagt und gezeigt, wie es gemacht wurde, sondern auch warum man es so und nicht anders gemacht hat. Denn in den seltensten Fällen läßt sich ein im Bilde gezeigter Werkstückspanner ohne weiteres übernehmen: Abbildung und Beschreibung können immer nur eine Vorlage zur Nachgestaltung und Weiterentwicklung sein. An einem mit Mängeln behafteten Hydraulikspanner läßt sich selten noch etwas verbessern und ausgleichen. Wegen der großen Kräfte, die durch hydraulische Systeme erreicht werden können, bleibt jede nachträgliche „Verbesserung" immer nur Stück- und Flickwerk. Nur eine gründliche Beschäftigung mit diesem Gebiet kann vor Fehlentscheidungen bewahren.

Der Bau hydraulischer Werkstückspanner ist noch nicht so alt und allgemein verbreitet, daß er heute schon in Fleisch und Blut eines jeden Konstrukteurs übergegangen wäre. Der Vorrichtungsbau wird durch die Verwendung hydraulischer Mittel ganz erheblich bereichert. Sie sind weder eine Modesache noch sind sie schon bis zur letzten Reife durchdacht und ausgefeilt. Ihr Anwendungsgebiet läßt sich noch erweitern und die einzelnen Ausführungsformen lassen sich noch verbessern.

II. Hydraulische Kraftübertragung

A. Grundsatz und Arten der Hydraulik

Wird eine Flüssigkeit, die einen beliebig gestalteten geschlossenen Raum ausfüllt, von einer Stelle aus unter Druck gesetzt (Abb. 9 u. 10), so pflanzt sich dieser Druck in der Flüssigkeit nach allen Richtungen hin in gleicher Größe fort (Grundsatz von PASCAL). Die Flüssigkeit ist dabei unbewegt, es herrscht also ruhender, statischer Druck (Hydrostatik). Halbflüssige Stoffe, wie Wachs, Paraffin, Staufferfett und die künstlichen „plastischen Massen", verhalten sich, in einem solchen Raum eingeschlossen, unter Druck wie eine Flüssigkeit.

Von einem hydrostatischen System spricht man auch dann, wenn die Flüssigkeit in dem Raum mit niedriger Geschwindigkeit bewegt wird und im Endzustand zur Ruhe kommt (Hydraulische Presse). Somit arbeiten die hydraulischen Spanner nach dem hydrostatischen

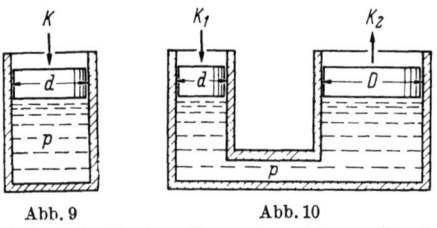

Abb. 9. Das in einen Raum eingeschlossene Druckmittel wirkt auf die Wandfläche an allen Stellen mit dem gleichen Druck p in kg/cm² (at)

Abb. 10. Die Kräfte K_1 und K_2 verhalten sich wie die unter demselben Druck p stehenden Flächen:
$$K_2 = K_1 \cdot D^2/d^2$$

Prinzip, für das die Gesetze der *Hydrostatik* gelten. Näheres darüber lassen die beiden folgenden Berechnungsbeispiele erkennen.

Berechnungsbeispiele.

1. Beispiel (Abb. 9)

eingeleitete Kraft $K = 500$ kg; Kolbendurchmesser $d = 60$ mm.

$$\text{Druck } p = \frac{K}{\pi d^2/4} = \frac{500 \text{ kg}}{28 \text{ cm}^2} \approx \underline{18 \text{ kg/cm}^2}.$$

2. Beispiel (Abb. 10)

eingeleitete Kraft $K_1 = 750$ kg; kleiner Kolbendurchmesser $d = 85$ mm; großer Kolbendurchmesser $D = 350$ mm.

$$\text{Ausgangskraft } K_2 = K_1 \frac{F}{f} = K_1 \frac{\pi D^2/4}{\pi d^2/4} = 750 \text{ kg} \frac{962 \text{ cm}^2}{56{,}7 \text{ cm}^2} \approx 12700 \text{ kg};$$

$$\text{Druck } p = \frac{K_1}{f} = \frac{K_2}{F} = \frac{750}{56{,}7} = \frac{12700}{962} \approx \underline{13 \text{ kg/cm}^2}.$$

Wird Energie durch eine strömende Flüssigkeit übertragen, z. B. mit Kreiselpumpen oder sonstigen Strömungsmaschinen, so treten Beschleunigungs-, Verzögerungs- und Reibungskräfte außer den Druckkräften auf. Diese Erscheinungen gehören in das Gebiet der *Hydrodynamik*. Es gibt in der Technik auch viele Maschinen und Anlagen, bei denen sowohl die Gesetze der Hydrostatik als auch die der Hydrodynamik berücksichtigt werden müssen, z. B. bei Kolbenpumpen.

B. Hydraulik im Vorrichtungsbau

13. Vorzugsweise Anwendung der Hydrostatik. Das hydrostatische System ist bei Werkstückspannern zur Kraftübertragung besonders geeignet. Dabei handelt es sich vorwiegend um die Druckerzeugung an einer günstigen Stelle der Vorrichtung und die Weiterleitung auf mehrere Spannelemente. Die Strömungsgeschwindigkeit des Druckmittels ist praktisch gleich Null, da es beim Spannen in seiner Gesamtheit lediglich um einige Millimeter vor- und beim Entspannen wieder zurückgeschoben wird. Die Drücke können erheblich sein. Daß sie auf gleicher Höhe bleiben, kann nur durch sorgfältige Dichtung gegen Heraustreten des Druckmittels erreicht werden. Aus diesem Grunde werden bei ortsveränderlichen Werkstückspannern für Klein- und Mittelserien zur Druckübertragung *plastische Massen* bevorzugt. Das schließt aber nicht aus, daß dort, wo die Dichtungsfragen leicht zu beantworten sind, auch aus besonderen Gründen ortsveränderliche Vorrichtungen mit Ölfüllungen ausgerüstet werden. Bevorzugt wird *Öl als Druckübertragungsmittel* in hydrostatischen Systemen, wenn der Druck über lange und stark verwinkelte Fließwege geleitet werden muß. Im Abschn. III F, Abb. 84···86, werden Einrichtungen dieser Art beschrieben. Es ist dabei zu beachten: sie können, wenn sie richtig konstruiert und gefertigt sind, außerordentlich zuverlässig sein. Mit der Güte ihrer Dichtungen steht und fällt jedoch ihre Betriebssicherheit.

Hydrodynamische Kraftübertragungen finden zwar im Werkzeug- und Sondermaschinenbau weitreichende Anwendung, sind aber im eigentlichen Vorrichtungsbau weniger gebräuchlich. Sie werden deshalb hier auch nur zur Unterscheidung erwähnt.

Alle hydrodynamischen Systeme benutzen *Mineralöl* als Triebmittel. Sie sind immer abhängig von einer Druckerzeugungsanlage, die mit Kolben- oder Zahnradpumpen bestimmte Ölmengen bei dem benötigten Druck zu fördern imstande ist. Die vom Öl aufgenommene Energie kann in einem Flüssigkeitsmotor wieder in drehende Bewegung (Flüssigkeitsgetriebe) oder in einem Zylinder-Kolben-System in eine hin- und hergehende Bewegung (Werkzeugmaschinentisch) umgewandelt werden. Die stufenlos verstellbare Umsteuerung derartiger hydraulischer Systeme ist stoß- und erschütterungsfrei. Die *Dichtungen* werden im Abschn. III C behandelt.

14. Plastische Masse als Druckübertragungsmittel. Früher wurden in statischen Systemen zur Weiterleitung hoher Drücke vorwiegend Paraffin und Wachs verwendet, zuweilen auch dicke Öle und Fette. Obwohl hier von Fall zu Fall recht gute Anfangserfolge erzielt wurden, ließ die Arbeitstüchtigkeit der Geräte infolge der schwankenden Eigenschaften, besonders der temperaturabhängigen Zähflüssigkeit (Viskosität) und der Alterungsempfindlichkeit dieser Stoffe im Dauerbetrieb doch zu wünschen übrig. Heute werden für die statische Energieübertragung über kurze Strecken künstliche „plastische Massen" als Druckmittel vorgesehen. Die zu verwendende plastische Masse soll zähflüssig, jedoch so bildsam sein, daß sie auch in einem verzweigten, engen Kanalsystem alle Hohlräume ohne Schwierigkeiten ausfüllt und bei Rücknahme des Druckes den Zusammenhang behält. Sie darf unter Druck ihren Rauminhalt praktisch nicht ändern und ihre Eigenschaften durch Temperaturschwankungen und beim Altern nicht einbüßen, ferner Metalle nicht angreifen. Auf besondere Dichtungen kann bei zweckmäßiger Ausbildung der Kolben und der Kanalbohrungen verzichtet werden.

Die chemische Industrie stellt verschiedene plastische Stoffe mit den gewünschten Eigenschaften her.

Die meisten Spannvorrichtungen im Abschn. III F werden z. B. mit Weichmipolam PVC 5319[1] betrieben, einer gallertigen Masse, die in faustgroßen Brocken, je nach Menge, in Blech- oder Ölpapierpackungen geliefert wird. Vor dem Einfüllen in die Druckkanäle muß die Masse durch Erwärmen flüssig gemacht werden (s. Kap. V).

Der *Wärmeausdehnungsbeiwert* von Weichmipolam ist mit $220 \cdot 10^{-6}/°C$ fast 20mal so hoch wie bei Stahl ($12 \cdot 10^{-6}/°C$). Demzufolge können Temperaturschwankungen erhebliche Druckänderungen in einem geschlossenen System zur Folge haben. Man muß deshalb bei der Konstruktion darauf bedacht sein, große geschlossene Räume und lange Kanäle zu vermeiden. Die *Zusammendrückbarkeit* macht sich erst bei sehr hohen Drücken bemerkbar. Sie ist mit $50 \cdot 10^{-6}$ des Volumens je kg/cm² 10mal so groß wie bei Wasser ($50 \cdot 10^{-7}$). Sehr hohe Drücke (über 500 kg/cm²) erfordern eine besondere konstruktive Behandlung der Kanäle und Kolben (s. Abschn. 25). Auch wird die Verwendung plastischer Masse ungünstig in großen Druckräumen und in Kanälen, in denen sie einen langen Fließweg zurückzulegen hat. Im Zusammenhang mit der zähflüssigen Beschaffenheit der Masse können Verzögerungen und Druckverluste eintreten.

15. Öle als Triebmittel. Die Ölindustrie hat für die Verwendung in *hydrodynamischen* Systemen besondere Hydrauliköle entwickelt. Im Bedarfsfalle, besonders vor der Beschaffung größerer Mengen, ist es immer gut, sich unter Darlegung der technischen Verhältnisse von einer erfahrenen Firma beraten zu lassen.

In *Flüssigkeitsgetrieben* haben sich Mineralöle als Triebmittel am besten bewährt. Der Anwendungsbereich dieser Öle richtet sich nach ihren physikalischen Eigenschaften. Es darf nicht übersehen werden, daß diese Öle nicht nur Triebmittel, sondern auch Schmiermittel sind. Die Zähigkeit (Viskosität) hat einen großen Einfluß auf die Reibungs- und Druckverluste sowie auf die Dichtungsfähigkeit. Für den Einsatz der Öle in hydrodynamischen Systemen sind folgende Forderungen zu stellen: Alterungs- und Oxydationsbeständigkeit, geringe Rückstands- und Schlammbildung, weitgehender Korrosionsschutz, Kältebeständigkeit und bei steigenden Temperaturen wenig Abfall der Viskosität.

Für die Verwendung von Ölen in *statischen* Systemen sind nicht so hohe Forderungen zu stellen. Hier sind die Dichtungsfähigkeit, eine gewisse Zähigkeit und die Alterungsbeständigkeit wichtig.

---

[1] Erzeugnis der Dynamit-Aktien-Gesellschaft, Troisdorf.

III. Handbetätigte hydraulische Werkstückspanner

A. Grundsätze zur Gestaltung

Der Aufbau einer Spanneinrichtung mit Massefüllung (Abb. 11) ist besonders einfach. Sie besteht im wesentlichen aus dem Vorrichtungskörper, einem oder mehreren Spannkolben, der plastischen Masse, der Druckschraube, dem Druckkolben, dem Kanalsystem und dem Widerlager.

16. Bemessung der Grundkörper. Beim hydraulischen Spannen können erhebliche Kräfte auftreten. Der Spannkörper ist deshalb so auszubilden, daß Verwindungen und Durchbiegungen nicht möglich sind. Hier sind außer den allgemein gültigen Regeln für die Bemessung von Vorrichtungskörpern auch die Eigenarten der Hydraulikteile zu berücksichtigen. Alle Kolben sind flüssigkeitsdicht (also spielfrei) in die Kanalbohrungen eingeläppt. Schon ganz geringe Durchbiegungen des Spannkörpers können die Bohrungen — wenn auch nur vorübergehend — verformen und damit die Bewegungsfreiheit der Kolben in Frage stellen.

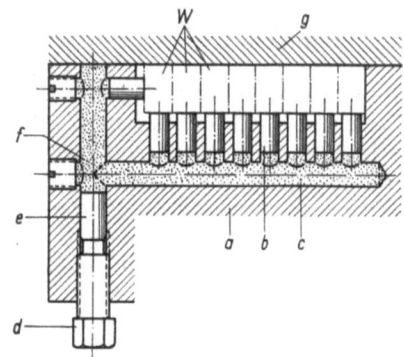

Abb. 11. Hydraulisches Spannen (Schema). Mit *einer* Druckschraube wird an 9 Stellen gespannt. *a* Vorrichtungskörper; *b* Spannkolben; *c* plastische Masse; *d* Druckschraube; *e* Druckkolben; *f* Kanalsystem; *g* Widerlager; *W* Werkstücke

Wenn in einem Spanner mit mehreren Spannkolben einige durch Klemmen versagen, ist die Ursache nicht immer leicht erkennbar. Wird etwa die Bewegungsfähigkeit der Kolben nur zum Teil abgebremst, so bemerkt man die damit verbundenen Spannverluste meistens nicht sofort. Die Folgen sind mangelhaft gespannte Werkstücke, die unter dem Angriff des Werkzeugs herausgerissen werden. Abgesehen davon, daß die Werkstücke Ausschuß werden, wird oft auch das Werkzeug zerstört. Das sind dann kostspielige Folgen einer Fehlkonstruktion.

17. Druckerzeugung. Die erforderlichen Drücke werden allgemein durch Gewindespindeln (Abb. 12 ··· 14) erzeugt. Da es sich hier um statische Systeme handelt, die sich auch bei Erschütterungen und überstarken Angriffen nicht lösen dürfen, muß die Druckerzeugungsspindel selbsthemmend sein. Bei kleinen Ausführungen genügen in jedem Fall die metrischen Gewinde mit grober Steigung (Beispiel: M 24×3). Bei besonderen Anforderungen kann auch eine Spindel mit eingängigem Trapezgewinde gewählt werden (Beispiel: Tr 24×3 oder Tr 24×5).

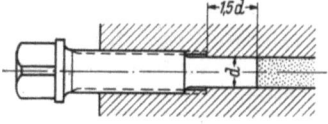

Abb. 12. Druckschraube und Druckkolben fest verbunden (1 Teil)

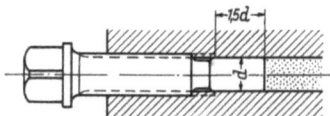

Abb. 13. Druckschraube und Druckkolben getrennt

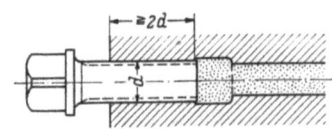

Abb. 14. Druckschraube ohne Druckkolben

Die Ausführung der Schraube nach Abb. 12 mit *festem* Kolben ist teuer in der Herstellung und das Einläppen des Kolbenteils schwierig. Die Ausführung nach Abb. 13 ist besser. Der *getrennte* Kolben läßt sich leicht herstellen und einläppen. Als Druckschrauben können dann lagerhaltige Schrauben mit nachgearbeitetem Zapfen verwendet werden, jedoch wird hier in den meisten Fällen eine *Rückholein-*

richtung für den Kolben benötigt (s. Abschn. III E). In Ausnahmefällen kann die Gewindespindel *ohne* Kolben unmittelbar auf die plastische Masse drücken (Abb. 14). Das ist zu erwägen, wenn es sich um Verkürzung der Baulänge handelt. Die Gewinde sind in einem solchen Fall mit Feinpassung auszuführen. Die tragende Länge der Druckschraube sollte dann mindestens 2mal Außendurchmesser sein. Abgesehen von der teuren Fertigung sind diese Paßgewinde auch robuster Behandlung auf die Dauer nicht gewachsen; sie verlieren unter der ständig wechselnden Belastung und Überbeanspruchung bald ihr Dichthaltevermögen.

Die Ausbildung der Spindelköpfe hängt in erster Linie von dem zu erzeugenden Druck ab. Neben dem langen Knebel (Abb. 15) für große Drücke und den Handschrauben (Kreuzgriff, Knebelschraube, Flügelschraube) für kleine Drücke kommen je nach Bedarf alle üblichen Köpfe in Frage (Sechskant, Vierkant, Innensechskant, Kreuzloch usw.). Wenn es spann- und raumtechnisch möglich ist, sind, wie auch sonst bei Vorrichtungen, *lose* Schlüssel zu vermeiden. Hydraulische Einrichtungen, die nur zum Bestimmen dienen, sind in jedem Fall mit Handschrauben auszurüsten.

18. Größe der Kräfte. Die aufzuwendende Spannkraft richtet sich nach der Art und Stärke des Angriffs, den das Werkzeug auf das Werkstück ausübt und nach dem zulässigen Flächendruck, dem der Werkstoff ausgesetzt werden darf. Jedenfalls muß das Werkstück so gespannt sein, daß es durch den Werkzeugangriff nicht aus seiner Spannlage gerissen wird. Im allgemeinen rechnet der Vorrichtungskonstrukteur wenig. Er wählt die Maße nach seiner Erfahrung und geht hierin meistens etwas zu weit.

Die höchstmögliche Kraft des Angriffs ist errechenbar. Allerdings müssen bei diesen Berechnungen unsichere, veränderliche Werte eingesetzt werden. Wenn man von den Schnittkräften des Werkzeugs ausgeht, rechnet man im allgemeinen mit vorschriftsmäßig geschliffenen Schneiden, schlagfrei laufenden Fräsern und Dornen, kräftigen, schwingungsfrei arbeitenden Werkzeugmaschinen und anderen Idealfaktoren. Wird aber eine dieser Voraussetzungen nicht erfüllt, oder ändern sie sich beim Arbeiten, so stimmt die Berechnung nicht. Eine wesentliche Änderung der Kräfte wird z. B. durch übermäßiges Stumpfen der Werkzeugschneiden verursacht. Die Folge sind Beanspruchungen der Spannorgane, die die errechneten Werte weit überschreiten.

19. Zulässige Flächenpressung an den Spannstellen. Die äußerste Grenze für die aufzuwendenden Spannkräfte liegt bei der Streckgrenze des zu spannenden und des spannenden Werkstoffs, d. h. es dürfen weder die Flächen des Werkstücks noch die der Spannorgane hinsichtlich der Flächenpressung überfordert werden: An der Spannstelle dürfen keine bleibenden Eindrücke entstehen. Da die Streckgrenzenwerte, bei deren Überschreiten das eintritt, innerhalb bestimmter Toleranzen liegen, bleibt man mit den Flächendrücken vorteilhaft um 20% unter den Tabellenwerten.

Bei Universalvorrichtungen kommt es hin und wieder vor, daß verschiedenartige Werkstoffe gespannt werden müssen. Hier richtet sich die höchstmögliche Spannkraft nach dem zulässigen Flächendruck des Werkstückwerkstoffs mit der höchsten Werkstoffhärte. Wenn man hier zum Bemessen der Spannkräfte keine besonderen Vorkehrungen trifft, muß der Maschinenarbeiter durch Ändern *seiner* Handkraft die Flächendrücke in den erforderlichen Grenzen halten. Das ist an sich kein unbilliges Verlangen, denn man setzt auch bei jedem Schlosser voraus, daß er mit seinem Schraubstock ein Kupferstück nicht mit der gleichen Kraft spannt wie ein Stahlgußteil.

Der Spannvorgang wird wohl bei allen einfachen, gut übersichtlichen Vorrichtungen für kleine Serien in dieser Weise gehandhabt werden können. Bei diesen Vorrichtungen lohnen sich keine besonderen Druckkontrolleinrichtungen. Es ist aber zu beachten, daß bei hydraulischen Spannern die Eingangs- und Ausgangskräfte zueinander über- oder untersetzt sein können, ein Spannen nach „Gefühl" also ziemlich problematisch bleibt. Bei größeren Vorrichtungen und bei Werkstücken, die unter hohen Spannkräften verformt werden können, bei größeren Serienfertigungen und bei Handhabung durch wenig geübte Werkstattkräfte sind daher zusätzliche Einrichtungen mechanischer oder optischer Art zur Druckkontrolle vorzusehen (Drehmomentschlüssel, Manometer, Stellringbegrenzung an der Druckerzeugungsspindel u. ä.).

Die auftretenden Drücke erhalten besondere Bedeutung, wenn die drückende und gedrückte Fläche nicht satt aufeinanderliegen, wenn zwischen ihnen nur Punkt- oder Linienberührung vorliegt. Hier kann der Flächendruck Werte annehmen, denen der Werkstoff nicht gewachsen ist, so daß nach dem Entspannen unzulässige Markierungen am Werkstück zurückbleiben. Es ist deshalb auch zu beachten, in welchem Zustand die zu drückende Fläche ist. Soll auf geschliffenen Flächen gespannt werden, so ist die Spannkraft auf eine größere Fläche zu verteilen; gegebenenfalls müssen die Schnittkräfte herabgesetzt werden. Bei geschruppten Flächen kann es unwesentlich sein, wenn bis zum Schlichten Spannmarkierungen zurückbleiben. Bei all diesen Überlegungen sind also, wenn optimale Schnittleistungen vorausgesetzt werden, zwei wichtige Forderungen unabdingbar zu berücksichtigen:

a) Die Werkstücke sind so sicher zu spannen, daß sie auch bei unerwartet hohen Anforderungen nicht aus der Spannlage gerissen werden;

b) die Spannorgane dürfen an den Spannstellen keine Markierungen hinterlassen.

20. Höchstdrücke. Unter der Voraussetzung, daß ein geschlossenes hydraulisches System bezüglich seiner Festigkeitseigenschaften ausreichend bemessen und zuverlässige Dichtung zwischen Kolben und Zylindern erreicht wird, gibt es für die mit *plastischen Massen* betriebenen Vorrichtungen kaum eine obere Druckgrenze. Es ist aber zweckmäßig, mit Rücksicht auf die Fertigung, Handlichkeit, Dauerbetriebs- und Unfallsicherheit nicht über einen Betriebsdruck von 1000 at hinauszugehen. Dieser hohe Druck bedingt jedoch, daß das Druckmittel in Räumen mit genügend starken Wänden untergebracht ist.

Bei *Mineralöl* richtet sich die obere Druckgrenze nach den zulässigen Festigkeitswerten der verwendeten Rohre. Ermeto-Stahlrohre lassen noch einen höchsten Betriebsdruck von 400 at zu. Es ist im allgemeinen nicht zu empfehlen, darüber hinauszugehen. Dienen Hochdruckschläuche als bewegliche Verbindung, dann sollte die obere Grenze bei 250 at liegen.

Wenn auch, wie schon erwähnt, der Vorrichtungskonstrukteur wenig rechnet, so wird doch empfohlen, zumindest die möglichen Flächendrücke zu überprüfen.

Rechenbeispiele. a) Ermittlung der Kräfte (Abb. 15).

Gegeben sind:
Länge des Hebelarms	$l = 200$ mm	Druckkolbenfläche	$F_1 = 254$ mm²
Steigung des Gewindes	$s = 5$ mm	Spannkolbendurchmesser	$d_2 = 15$ mm
Druckkolbendurchmesser	$d_1 = 18$ mm	Spannkolbenfläche	$F_2 = 176$ mm²

Angenommen werden:
Kraft am Hebelarm $\quad K = 18$ kg $\quad$ Wirkungsgrad der Druckspindel $\eta = 0,5$

Gesucht werden:
die Eingangskraft Q_e, der spezifische Druck p in kg/cm² (at), die Ausgangskraft Q_a.

$$Q_e = \frac{K \cdot 2 \cdot l \cdot \pi}{s} \eta = \frac{18 \cdot 2 \cdot 200 \cdot \pi}{5} 0,5 \approx \underline{\underline{2260 \text{ kg}}}$$

$$p = \frac{Q_e}{F_1} = \frac{2200}{254} \approx 9 \text{ kg/mm}^2 \approx \underline{\underline{900 \text{ kg/cm}^2}}$$

$$Q_a = p \cdot F_2 = 9 \cdot 176 \approx \underline{1600 \text{ kg}}$$

b) Die erforderliche Spannkraft an der Spannstelle ist abhängig von der Stärke und Richtung des Werkzeugangriffs. Die Spannkraft hat die Schnittkraft aufzufangen. Dabei gilt als erste Grundregel: Je geringer die Spannkraft gewählt werden kann, um so kleiner werden die Maße der Vorrichtung und um so müheloser wird ihre Handhabung. Als zweite Grundregel kann gelten: Die aufzuwendende Spannkraft ist am geringsten, wenn die Werkstücke zuverlässig bestimmt und ganz kurz eingespannt sind und wenn die Schnittkraft gegen zwei feste Anlagen wirkt. Werte für Schnittkräfte können den betriebstechnischen Handbüchern entnommen werden. Für überschlägige Rechnungen genügt es, wenn bei Bestimmung der Schnittkraft der $3 \cdots 4$fache Wert der Zerreißfestigkeit des zu zerspanenden Werkstoffs eingesetzt wird.

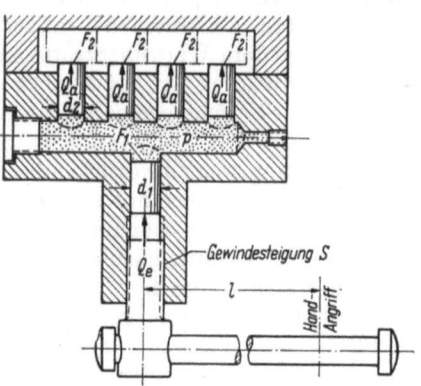

Abb. 15. Hydrostatisches System. Erläuterung zum Rechenbeispiel

Wird ein Werkstück nur an einer Spannstelle gehalten und wirkt die Schnittkraft gegen feste Anlagen der Vorrichtung, so muß die Spannkraft gleich der Schnittkraft sein. Wird ein Werkstück unter den gleichen Schnittbedingungen an mehreren Stellen gespannt, so muß im allgemeinen die Summe der einzelnen Spannkräfte der einfachen Schnittkraft entsprechen. Wirkt aber die Schnittkraft gegen das Spannorgan, so ist die benötigte Spannkraft mit etwa $1{,}5 \times$ Schnittkraft einzusetzen. Greift das Werkzeug senkrecht zur Spannrichtung an (z. B. Nutenfräsen an Wellen), so sollte, wenn kein Gegenlager vorhanden ist, die Spannkraft gleich $5 \times$ Schnittkraft sein.

B. Kanäle und Kolben für plastische Massen

21. Die Kanäle. Im Abschn. 14 wurde schon gesagt, daß sich plastische Massen für lange Druckwege schlecht eignen, wobei man als *Druckweg* die Strecke be-

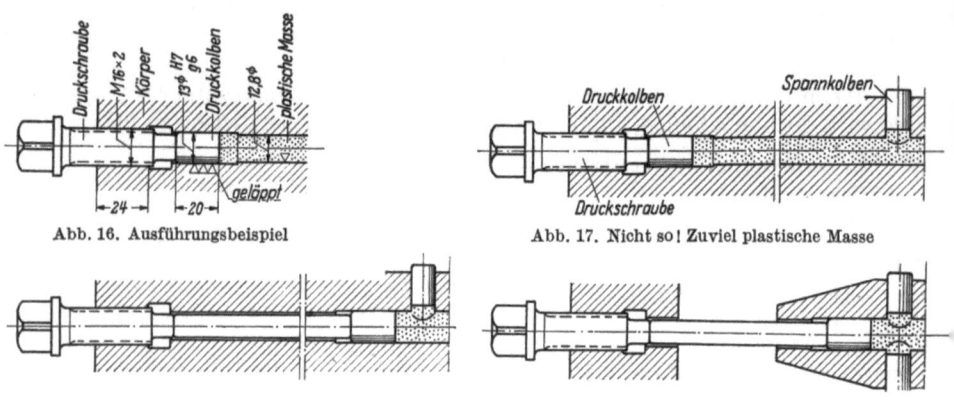

Abb. 16. Ausführungsbeispiel   Abb. 17. Nicht so! Zuviel plastische Masse

Abb. 18. Besser so! Mit Zwischenstück   Abb. 19. Freihängendes Zwischenstück

zeichnet, die der Druck in dem Druckmittel von der Druckerzeugung bis zur Spannstelle zu durchlaufen hat. Man muß bei der Konstruktion möglichst kurze Druckwege anstreben.

Die Kanäle bestehen im allgemeinen aus Bohrungen, an deren Oberflächengüte keine besonderen Anforderungen gestellt werden, weil sie lediglich zur Aufnahme des Druckmittels dienen. Es genügt eine Oberfläche, die bei sachgemäßer Bearbeitung mit dem Spiralbohrer zu erzielen ist ( ). Die Kanalteile, in denen sich die Druck- und Spannkolben bewegen, bedürfen jedoch einer besonders sorgfältigen Behandlung (Abb. 16).

22. Lange Druckwege. Sind lange Druckwege (Abb. 17) nicht zu vermeiden, so überbrückt man sie nach Abb. 18 oder 19 durch Formstahlzwischenstücke. Dabei darf die Knickfestigkeit der Druckstäbe nicht überschritten werden.

Bei der Konstruktion der Kanäle ist auch besonders darauf zu achten, daß sich innerhalb des Systems keine *Luftpolster* bilden können. Deshalb wird bei den Kanälen über die Kreuzungsstellen hinweg bis zu den Endstellen eine möglichst einfache, glatte Linienführung angestrebt.

23. Kanalquerschnitte. Theoretisch dürfte die Druckübertragung nicht ungünstig sein, wenn die Querschnitte der verschiedenen Kanäle gleich wären. In der Praxis hat sich aber herausgestellt, daß der Druck schneller und sicherer auf die Spannkolben wirkt, wenn der Querschnitt des Druckleitungskanals $1,5 \times$ Querschnitt des Spannkolbenkanals beträgt (Abb. 20).

24. Die Kolben müssen öldicht in die Kanäle eingepaßt sein, sollen sich dabei aber so gut bewegen lassen, daß die Kraftübertragung nicht abgebremst wird. Der Kolben und der entsprechende Bohrungsteil werden zweckmäßig auf die ISA-Passung H 7/g 6 bearbeitet und eingeläppt ( ) (Abb. 16). Die Kolben bezeichnet man ihrer Aufgabe entsprechend als Druck- und Spannkolben. Von dem Druckkolben wird die mittels einer Gewindespindel erzeugte Kraft durch das Druckmittel zu den Spannkolben geleitet. Das gute Arbeiten der Vorrichtung hängt wesentlich von der Ausführungsgüte der Kolben und ihrer Führung ab. Sie bedürfen ganz besonders guter fertigungstechnischer Behandlung. Beide Kolbenarten müssen an der Kanalwand so dicht, praktisch spielfrei, anliegen, daß das Druckmittel, die plastische Masse, hier keinen Durchgang findet.

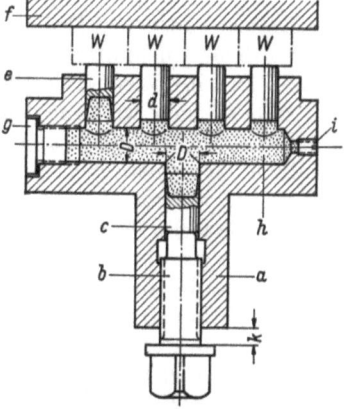

Abb. 20.
Querschnitte der Kanäle und Stellung der Druckschraube im Kanalsystem

$$\frac{\pi D^2}{4} = 1,5 \frac{\pi d^2}{4} \text{ oder } D^2/d^2 = 1,5$$

W Werkstücke; D Druckkolbendurchmesser; a Vorrichtungskörper; b Druckschraube; c Druckkolben; d Spannkolbendurchmesser; e Spannkolben; f Widerlager; g Füllschraube; h plastische Masse; i Verschlußschraube; k Kontrollmaß zum Füllvorgang und zur Funktionsprobe

Deshalb müssen bei beiden Teilen an ihre makrogeometrische und mikro-geometrische Formgenauigkeit (Körperform und Oberflächengüte) ganz erhebliche Anforderungen gestellt werden, die nur durch eine Superfinishbehandlung zu erfüllen sind.

Um eine Hemmung der Kolben durch Rostansatz während einer längeren Betriebspause zu vermeiden, kann man sie, ebenso wie ihre Führungen, aus *nichtrostendem* Werkstoff herstellen.

25. Die Kolbenform. Die *tragende Länge* des Kolbens soll nicht kleiner sein als 1,5 d. Ferner muß bei der Kolbenausführung die Größe der anzuwendenden *Drücke* berücksichtigt werden. Kolben für Drücke unter 500 kg/cm² kann man als Zylinder mit ebenen Endflächen herstellen (Abb. 21). Der Übergang von der Zylinderfläche zur Kreisfläche wird nur ganz wenig gebrochen, damit die Kreiskante in der Zylinderbohrung nicht schabt. Es darf aber auch kein keilförmiger Raum zwischen Bohrungswand und Kolbenzylinderfläche entstehen, sonst wird ein Durchgang des Druckmittels begünstigt. Bei freistehenden Kolben wird die Kante, die in den Druckkanal hineinreicht, gut abgerundet (Abb. 22). Dadurch wird das Umfließen des Druckmittels erleichtert.

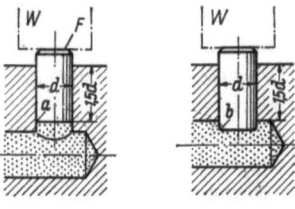 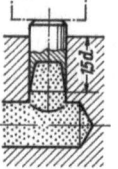 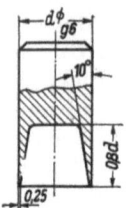

Abb. 21   Abb. 22   Abb. 23   Abb. 24
Abb. 21 und 22. Kolbenform für Drücke unter   Abb. 23 und 24. Kolbenform für Drücke über
500 kg/cm². *a* Kante scharf, darf aber nicht schaben;   500 ··· 1000 kg/cm²
b Kante gut gerundet; *d* Kolbendurchmesser; *F* Spann-
fläche; *W* Werkstück

Kolben, mit denen Drücke von 500 ··· 1000 kg/cm² übertragen werden, erhalten an der dem Druckmittel zugewandten Seite eine topfförmige Ausbildung (Abb. 23 u. 24). Es wird dabei erwartet, daß die fein herausgezogene Topfwand so elastisch ist, daß sie sich wie eine Manschettendichtung lippenförmig an die Kanalwand schmiegt. Diese Ausführung, so zweckmäßig sie ist, erschwert aber das luftfreie Einfüllen der plastischen Masse. Beim Füllvorgang ist deshalb besondere Vorsicht geboten (s. Abschn. 67).

26. Die Stelle für die Druckschraube im Kanalsystem. Es wäre durchaus möglich, die Druckschraube und den Druckkolben an die Stelle der Füllschraube oder Verschlußschraube zu setzen. Man wird von einer solchen Anordnung auch in vielen Fällen aus konstruktiven und fertigungstechnischen Gründen Gebrauch machen. Die Praxis hat aber gezeigt, daß die Vorrichtung zuverlässiger arbeitet, wenn der Druckkolben gleichweit von den äußersten Spannkolben entfernt ist. Auch das Auffüllen der Masse ist bei der Anordnung nach Abb. 20 einfacher durchzuführen.

C. Kraftübertragung mit Mineralöl

27. Die Kanäle der mit Öl betriebenen hydraulischen Systeme können — mit Ausnahme der Kolbenführungsteile — fertigungstechnisch genau so behandelt werden wie die Kanäle der massegefüllten Systeme, d. h. es genügt eine Oberflächengüte, wie sie mit dem Spiralbohrer bei sachgemäßer Arbeit erreicht werden kann. Da es sich bei den ölgefüllten Werkstückspannern praktisch ebenfalls um *hydrostatische* Systeme handelt, die *Fließwege* also ganz kurz, in manchen Fällen gleich 0 sind, können Reibungsverluste unberücksichtigt bleiben, im Gegensatz zu hydrodynamischen Systemen. Sie arbeiten um so besser, je kürzer die Kanäle sind. Der Druckabfall von der Druckerzeugungsstelle bis zu den Spannstellen ist gering. Macht sich einmal an den Spannstellen ein starker Druckabfall bemerkbar, so ist das nicht auf das Verhalten des Druckmittels zurückzuführen, sondern meist auf eine überstarke Reibung der Kolben in den Kolbenführungen. Das wird besonders auffällig, wenn der Vorrichtungskörper unter dem Spannvorgang verformt wird. Dann ist es durchaus möglich, daß einzelne Kolben so verklemmt werden, daß sie sich nicht mehr bewegen lassen.

Starker Druckabfall macht sich auch bemerkbar, wenn Spaltverluste auftreten. Sie können ihre Ursache in schlechter Kolbenführung oder unzweckmäßiger Dichtung haben. Nicht dicht eingeläppte Kolben begünstigen bei plastischer Masse den

Durchgang des Druckmittels zwischen Kolben und Kanalwand. Dasselbe tritt bei ölbetriebenen Systemen auf, wenn die Dichtungsfrage nicht einwandfrei gelöst wird.

28. Öl oder plastische Masse? Ob in einem Werkstückspanner Öl oder plastische Masse einzusetzen ist, richtet sich nach den jeweiligen Forderungen. Plastische Massen werden besonders bevorzugt bei ortsveränderlichen Spannern, die eine gedrängte Bauweise haben sollen und deren Herstellungswert niedrig sein muß. Aus der gedrängten Bauart ergeben sich *zwangsläufig* die kurzen Kanäle, die eine Vorbedingung für gutes Arbeiten derartiger Spanner sind.

Öl ist dort zweckmäßiger anzuwenden, wo die Kanäle zwischen Druckkolben und Spannkolben lang und stark verwinkelt sind. Das schließt nicht aus, daß Öl auch in jedem anderen Spanner mit Erfolg eingesetzt werden kann. Voraussetzung ist allerdings in jedem Fall, daß die *Dichtungsfragen* zwischen Kolben und Kolbenführung gut zu lösen sind.

29. Die Kolbenführung (Zylinder) kann für Ölbetrieb in vielen Fällen genau so hergestellt werden wie für den Betrieb mit plastischer Masse. Allerdings ist es nicht immer notwendig, Kolben und Bohrung flüssigkeitsdicht einzuläppen. Das Dichten wird hier nicht durch Spaltverminderung zwischen Kolbenmantel und Zylinderwand erreicht, sondern durch eine besondere Dichtung. Die Passung wird nach dem vorgesehenen Druck gewählt. In vielen Fällen genügt schon eine Passung ISA H 11/f 7. Bei sehr hohen Drücken und je nach der Art der Dichtung, die vorgesehen wird, kann es zweckmäßig sein, die Toleranz der Bohrung enger zu wählen (ISA E 9 oder gar H 7).

Weit wichtiger als die Passung ist aber die *Oberflächengüte*, die Glätte der Laufstelle. Sie muß riefenfrei sein; die Rauhtiefe sollte 2 μm (= 0,002 mm)[1] nicht überschreiten.

30. Dichtungen. Es ist zu unterscheiden zwischen der Außen- und der Innendichtung. *Außendichtung* (Kolbendichtung) liegt vor, wenn das Dichtelement auf dem Kolben sitzt und mit diesem im Zylinder bewegt wird. Der Kolben wird also gegen die Zylinderwand abgedichtet (Abb. 25 u. 26). Bei der *Innendichtung* (Stangendichtung) ruht das Dichtelement im Gehäuse und dichtet gegen die bewegte Kolbenstange ab (Abb. 27 u. 28). Die Ausführung der Außendichtung ist in den meisten

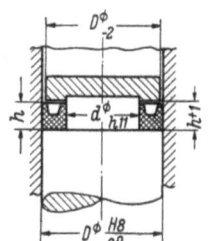
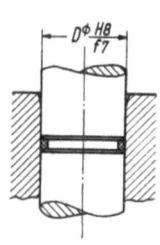
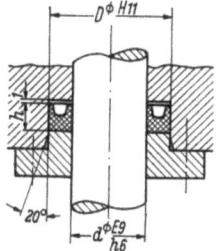
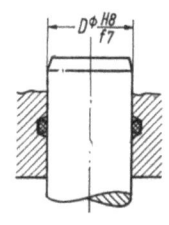

Abb. 25. Außendichtung (Kolbendichtung) durch Nutring

Abb. 26. Außendichtung durch O-Ring

Abb. 27. Innendichtung (Stangendichtung) durch Nutring

Abb. 28. Innendichtung durch O-Ring

Fällen fertigungstechnisch einfacher. Zur Aufnahme des Dichtelementes wird nur der Kolben eingestochen oder abgesetzt; die Zylinderbohrung bleibt glatt. Das ist vorteilhaft, weil bei den ortsveränderlichen Werkstückspannern die Zylinderbohrungen klein sind (unter 30 $\varnothing$). Eindrehungen und Einstiche lassen sich hier schlechter durchführen als bei den Kolben.

---

[1] (griech. = mü) = Mikro = $1/10^6$; 1 μm = 1 Mikrometer = 0,001 mm. Vgl. DIN 1301.

Bei der Suche nach der zweckmäßigsten Dichtung sind zu berücksichtigen: Der Druck, der übertragen werden soll, die Art des Druckmittels, der Kolbendurchmesser, die Kolbengleitgeschwindigkeit, der Kolbenweg und die mögliche Baulänge. Bei den hier behandelten, ortsveränderlichen Werkstückspannern sind die Durchmesser der Druck- und der Spannkolben nicht groß. Dementsprechend sind auch nur wenige Arten von Dichtungselementen mit gutem Erfolg geeignet. Bewährt haben sich, je nach Einbaumöglichkeit, offene und geschlossene Topfmanschetten, Nutringe und O-Ringe (Abb. 29 ··· 32).

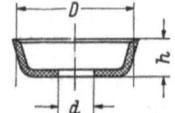 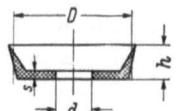 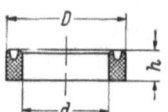 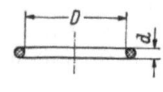

Abb. 29. Topfmanschette aus Chromleder oder Simrit   Abb. 30. Topfmanschette aus Hydrofit   Abb. 31. Nutring aus Simrit oder Hydrofit   Abb. 32. O-Ring aus Simrit oder Hydrofit

Als *Werkstoff* für diese Dichtungsarten eignen sich Chromleder und gummiartige Kunststoffe. Leder ist der älteste technische Stoff zur Abdichtung hin- und hergehender Wellen. Es hat aber heute durch die Einführung guter Kunststoffe viel von seiner einstigen Bedeutung als Abdichtmittel verloren. Topfmanschetten aus Chromleder können noch empfohlen werden, wenn Wärme- und Alterungsbeständigkeit, weitgehende Verschleißfestigkeit und Beständigkeit gegen angreifende chemische Stoffe verlangt werden. Chromleder besitzt durch die Fähigkeit, Öl speichern zu können, auch gute Notlaufeigenschaften. Bei den Werkstückspannern sind jedoch diese Forderungen selten gegeben, und heute verfügen auch viele Kunststoffarten über die genannten Eigenschaften oder übertreffen in anderer Hinsicht die Eignung des Chromleders. Von den Kunststoffen mit besonderer Bedeutung als Dichtelement der genannten Art seien hier als Beispiele erwähnt[1]:

Simrit, ein vulkanisierter, gummiähnlicher Kunststoff auf der Basis von Buna, Perbunan, Neoprene und anderen, und *Hydrofit*, ein gummiartiger Werkstoff, auch „Vulkollan" genannt. Auf Grund seiner physikalischen Eigenschaften (hohe Festigkeit usw.) ist er ein Manschettenwerkstoff für hohe und höchste Drücke. Daß Hydrofit nur eine geringe Wärmebeständigkeit (max 80°) besitzt und wenig fest gegen angreifende chemische Bestandteile der Druckmittel ist, kann in den meisten Fällen für die hier behandelten Werkstückspanner belanglos sein.

Die Lieferfirmen für Dichtungen benötigen zur Auswahl des geeigneten Werkstoffs genaue Angaben über Zusammensetzung und Eigenschaften des Öles oder Druckmittels, gegen das abgedichtet werden soll. Wenn die Angaben der Druckmittellieferer unzulänglich sind, ist man auf eigene Versuche angewiesen.

31. Topfmanschetten (Abb. 29, 30, 33), auch Napfmanschetten genannt, sind gut zum Abdichten von Kolben mit hin- und hergehender Bewegung bei einem abzudichtenden Druck bis zu 40 atü. Unter günstigen Verhältnissen — kurzer Kolbenhub, geringe Kolbengeschwindigkeit, gleichbleibende Temperatur zwischen 15 ··· 30 °C, kleine Manschetten und geeignetes Druckmittel — kann der Druck weit höher liegen. Es ist darauf zu achten, daß die Manschetten immer — auch im Ruhezustand — mit Öl benetzt bleiben, d. h. gut geschmiert werden. Da Öl als Druckmittel auch gleichzeitig Schmiermittel ist, bestehen hier keine Schwierigkeiten. Voraussetzung ist allerdings, daß der Druck nicht unter ein Kleinstmaß sinkt (1 ··· 2 atü), denn dieser Druck wird zur ständigen Ölversorgung und zum Anpressen

---

[1] Da es unmöglich ist, in diesem Buch einen Überblick über die im Handel befindlichen Dichtungsstoffe zu geben, beschränkt sich der Verfasser auf die Nennung zweier Firmen (s. Abschn. VI 3) und zweier von ihm verwendeter Stoffe der Simrit-Werke. Ein Werturteil ist damit in keiner Weise beabsichtigt.

der Dichtlippen der Manschette an die Zylinderwand benötigt. Man kann die Dichtlippen auch mittels einer Feder spreizen, aber das ist bei den kleinen Manschettendurchmessern wenig erfolgversprechend. Zweckmäßiger sorgt man durch konstruktive Anordnung dafür, daß alle Kolben unter einem Restdruck bleiben, wenn bei der Zurücknahme des Druckkolbens die Spannung im System abfällt. Ebenso wie bei den plastischen Massen darf der Zusammenhang zwischen Druckkolben, Druckmittel und Spannkolben in keinem Fall, weder im gespannten Zustand unterbrochen sein (Lufteinschlüsse), noch im entspannten Zustand abreißen. Das läßt sich durch Rückholeinrichtungen erreichen (s. Abschn. III E). Die einfachste Rückholeinrichtung ist die Schraubenfeder (Abb. 33), deren Kraft aber wegen der starken Reibung der Manschetten bei den kleinen Kolbendurchmessern nicht immer ausreicht.

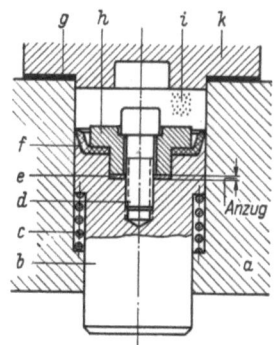

Abb. 33. Doppelt geführter Spannkolben mit Topfmanschette
a Zylinder; *b* Spannkolben mit eingedrehtem Stützlager; *c* Rückholfeder; *d* Innensechskantschraube; *e* Ausgleichscheibe (begrenzt den Anzug des Manschettenbodens); *f* Simrit-Topfmanschette; *g* Flanschdichtung; *h* Druckstück; *i* Druckmittel (Öl); *k* Zylinderdeckel

Die Topfmanschette verursacht von den in Abb. 29 ··· 32 gezeigten Dichtungen die geringste Reibung. Diese entsteht durch die Vorspannung, mit der die Dichtlippe im Zylinder gleitet, weil der Durchmesser der Manschette, über dem Dichtlippenrand gemessen, größer ist als der Zylinderdurchmesser. Dazu kommt die Anpressung der Dichtlippe durch den Flüssigkeitsdruck. Die richtig gewählte Hydrofittopfmanschette gleitet nur mit einer ganz schmalen Dichtkante über die Zylindergleitfläche, im Gegensatz zur Chromledermanschette, die sich unter höherem Druck verformt und dann mit breitem Streifen an der Zylinderwand anliegt. Deshalb ist auch die Chromledermanschette in Werkstückspannern, die mit erheblichen Drücken arbeiten, den Anforderungen nicht gewachsen, während Hydrofittopfmanschetten noch bei Drücken von mehreren 100 atü mit gutem Erfolg eingesetzt werden können.

Es ist bei allen Manschetten darauf zu achten, daß sie gut auf dem Kolben zentriert sind. Bei außermittigem Sitz dichten sie nicht mehr zuverlässig und ihre Belastbarkeit sinkt. Die Manschette muß auf dem Kolbenboden planliegen, sie wird von hier aus gestützt. Das kann durch Unterlegen eines eigenen Stützrings auf den glatten Kolbenboden geschehen oder, wie Abb. 33 zeigt, durch eine entsprechende Eindrehung im Kolbenboden. Es ist aber immer darauf zu achten, daß der Manschettenboden beim Festklemmen nicht überzogen, d. h. nicht über ein vorgeschriebenes Maß gedrückt wird. Die Manschette verformt sich sonst und die Dichtlippen legen sich nicht mehr gleichmäßig an die Zylinderwand. Der „Anzug" sollte bei Simrit- und Hydrofitmanschetten 10% der Bodendicke nicht überschreiten. Zur Begrenzung auf dieses Maß ist ein geeigneter Zwischenring (*e* in Abb. 33) vorzusehen. Manche Topfmanschetten können infolge der schwachkegeligen Form ihrer Dichtlippen nicht abgestützt werden. Im allgemeinen kann auch bei Hydrofittopfmanschetten infolge ihrer guten Festigkeitseigenschaften auf das Abstützen verzichtet werden. Bei hohen Drücken ist jedoch ein entsprechend starker Boden zu wählen.

Es sind auch Topfmanschetten mit geschlossenem Boden im Handel. Sie werden nicht befestigt, sondern nur lose auf den Kolben gelegt, erfordern aber einen ständigen Überdruck im hydraulischen System. Diese Abdichtung ist einfach; sie hat sich bei Spannelementen mit kurzen Hüben und kleinen Durchmessern gut bewährt. Wenn die Manschette nicht zu schwach gewählt wird, eignet sie sich auch für höhere Drücke.

32. Nutringe (Abb. 34) dichten besonders gut bei hin- und hergehenden Kolben gegen hohe Drücke. Simritringe dieser Art haben durch besondere Formgebung der Dichtlippen ein sehr hohes Abdichtvermögen bis 100 kg/cm². Es ist dabei zu beachten, daß die Nutringe unter hohen Drücken eine beachtliche Verformung erfahren und daß damit die Reibung im Zylinder erheblich ansteigt. Deshalb sind bei Drücken von 100 ··· 400 kg/cm² und darüber Hydrofitnutringe vorteilhafter. Sie sind verhältnismäßig elastisch, verformen sich jedoch nicht soweit wie Simritnutringe und dichten auch noch bei geringen Belastungen. Voraussetzung ist allerdings, besonders bei den hohen Drücken, daß die Gleitfläche des Zylinders sorgfältig bearbeitet ist. Die Toleranz liegt bei ISA H 7; die Rauhtiefe der Oberfläche sollte nicht größer als 2 μm sein.

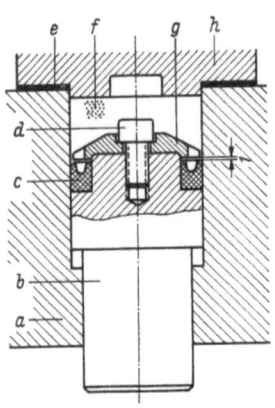

Abb. 34. Doppelt geführter Spannkolben mit Nutring
a Zylinder; *b* Spannkolben; *c* Hydrofitnutring; *d* Innensechskantschraube; *e* Flanschdichtung; *f* Druckmittel (Öl); *g* Deckscheibe; *h* Zylinderdeckel

Die Nutringe sind von rechteckiger bis quadratischer Form und ruhen in einer entsprechenden Andrehung des Kolbens. Für den Durchmesser dieser glatten Andrehung genügt die Toleranz ISA H 11. Die Nutringe werden nicht wie die Topfmanschetten geklemmt; sie liegen mit kleiner Vorspannung zwischen Zylinderwand und Kolbenansatz. Das geringe Spiel (0,3 ··· 1 mm) in der Längsrichtung der Dichtkammer wird durch die Deckscheibe (*g* in Abb. 34) begrenzt. In den äußeren Umfang der Deckscheibe sind Aussparungen gefräst. Sie ermöglichen eine gleichmäßige Beaufschlagung beider Dichtlippen durch das Druckmittel.

Auch für die Nutringdichtung wird nach dem Entspannen des Systems noch ein Restdruck verlangt. Inwieweit hier die einfache Druckfeder den Rückstau ermöglichen kann, hängt davon ab, ob der Kolbendurchmesser groß genug ist, um eine kräftige Feder unterzubringen. Gegebenenfalls ist eine hebelmechanische Rückholeinrichtung oder eine Umsteuereinrichtung durch hydraulische Mittel vorzusehen. Zweifellos werden durch solche Maßnahmen die Spanner verwickelter und teurer. Es wird deshalb geraten, besonders bei Grenzfällen, Versuche vorzunehmen.

Allgemein ist zu sagen: Die Nutringmanschette ist für die hier behandelten Werkstückspanner, die bei geringem Bauumfang mit hohen Drücken arbeiten, das geeignete Abdichtmittel zwischen dem bewegten Kolben und dem ruhenden Zylinder.

33. Rundschnur- und 0-Ringe (Abb. 35) werden zum Abdichten bewegter Maschinenteile verwendet, wenn es sich um besonders gedrängte Bauweisen handelt. Sie benötigen außer der eingestochenen Ringnut keine besonderen Teile zu ihrer Aufnahme und Führung. Der Platzbedarf ist gering. 0-Ringe werden in enger tolerierter und gleichmäßigerer Güte geliefert als Rundschnurringe. Sie sind deshalb bei Abdichtstellen gegen hohe Drücke zu bevorzugen. Die Abdichtwirkung beruht auf dem Zusammenpressen des Ringquerschnittes in einer entsprechend bemessenen Nut. Für die Güte der Abdichtung bei geringstem Reibungswiderstand ist die richtige Abstimmung der

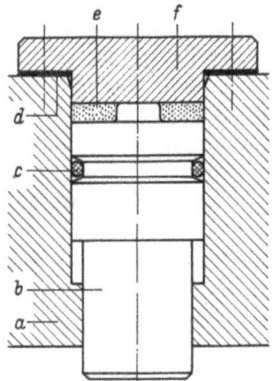

Abb. 35. Doppelt geführter Spannkolben mit 0-Ringdichtung
a Zylinder; *b* Spannkolben; *c* Hydrofit-0-Ring; *d* Flanschdichtung; *e* Druckmittel (Öl); *f* Zylinderdeckel

Nuttiefe auf den Ringquerschnitt ausschlaggebend. Die entsprechenden Abmessungen sind den Katalogen der Lieferfirmen zu entnehmen. Damit bei hohen Drücken der Dichtwerkstoff nicht in den Spalt zwischen Welle und Zylinder gedrückt werden kann, ist das Spiel zwischen Welle und Zylinder möglichst klein zu halten. Die Passung H 7/f 7 dürfte in jedem Fall genügen; sie ist fertigungstechnisch unschwer erreichbar und sollte deshalb nicht vergröbert werden.

Die Gleitfläche, über die sich der Ring bewegt, muß besonders sorgfältig feinbearbeitet werden. Die Rauhtiefe darf auch hier 2 μm nicht überschreiten. Von der Glätte der Gleitfläche hängt die Größe der Reibung und damit die Lebensdauer der Dichtung ab. Die Reibung hängt aber nicht nur von der Oberflächengüte, sondern wesentlich auch von der Art des Werkstoffs ab, in dem die Dichtung gleitet. Von der besten Eignung zur geringeren gesehen, kann nachstehende Reihenfolge einen Anhalt geben: Grauguß, Stahl, legierter Stahl und gegebenenfalls solcher mit gehärteter oder hartverchromter Oberfläche.

Da bei den Werkstückspannern jede Lecköbildung unerwünscht ist, wird besser ein Triebmittel (Öl) gewählt, das eine möglichst geringe Haftfähigkeit besitzt. Der Ölfilm wird bei der Bewegung des Maschinenteils von dem 0-Ring abgestreift; es kommt dann an der Abdichtstelle nicht zur Tropfenbildung. Die damit verbundene höhere Reibung muß allerdings in Kauf genommen werden.

34. Die Lösung der Abdichtprobleme wird besonders bei kleinen ortsveränderlichen Werkstückspannern mit Ölfüllung nicht immer ganz leicht sein. Sie muß aber einwandfrei sein, sonst geraten die an sich so praktischen Geräte in Mißkredit. Es ist in jedem Zweifelsfall zweckmäßig, sich von einer Spezialfirma für Dichtungen schon bei der Konstruktion beraten zu lassen. Der Konstrukteur ist sowieso auf die Unterlagen dieser Firmen angewiesen. Die Dichtelemente sind Normteile; ihre Abmessungen hängen vom Vorhandensein der Preßwerkzeuge ab. Willkürlich festgelegte Abmessungen außerhalb dieser Normen verteuern die Beschaffung der wohlfeilen Elemente und erschweren die Beratung.

D. Konstruktionsrichtlinien für die Spanner

Das verhältnismäßig einfache Schema für den Aufbau eines hydraulischen Werkstückspanners ist in Abb. 11 (S. 11) gegeben. Die konstruktive Ausführung kann, je nach der Werkstückzahl und je nach der Beanspruchung durch das Werkzeug verschieden sein.

35. Kolbenträger und Widerlager starr verbunden (Abb. 36). Dieser Aufbau eines hydraulischen Werkstückspanners ist besonders einfach. Man wird ihn wählen, wenn bei einer Aufspannung nur wenige Werkstücke eingelegt werden und auch dann, wenn besonders schwere Werkzeugangriffe eine robuste Ausführung der Vorrichtung fordern. Wenn gesagt wird, daß Kolbenträger und Widerlager miteinander starr verbunden sind, so bedeutet das nicht, daß sie in jedem Fall aus einem Stück hergestellt sein müssen. Aus fertigungstechnischen Gründen können die Einzelteile miteinander verschraubt und verstiftet sein.

Jede Vorrichtung muß leicht zu behandeln und leicht zu reinigen sein. Es ist besonders

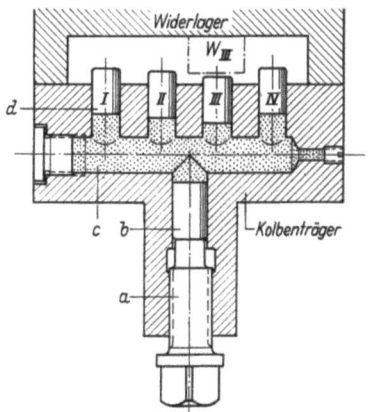

Abb. 36. Kolbenträger und Widerlager starr verbunden. Kolben I, II und IV haben sich beim Druck auf Kolben III ungleichmäßig verschoben
a Druckschraube; b Druckkolben; c plastische Masse; d Spannkolben; W_{III} Werkstück

darauf zu achten, daß die Auflage für die Werkstücke gut zugänglich ist, und daß die Späne leicht entfernt werden können. Nicht immer lassen sich diese Forderungen mit einer einfachen Ausführungsform in Einklang bringen. Aus diesem Grunde ist die Ausführung nach Abb. 36 nur beschränkt anwendbar. Sie eignet sich nicht zur Aufnahme verwickelter Werkstückformen, die zwischen Spannkolben und Widerlager viel Platz zum Einbringen benötigen. Sie hat weiterhin den Nachteil, daß das Einbringen auch einfacher Werkstücke erschwert wird, wenn die Spannkolben sich beim Entspannen nicht gleichmäßig zurückziehen. Hier ist immer eine Rückholeinrichtung einzubauen (s. Abschn. E). Wenn kürzeste Spannzeiten angestrebt werden, gewährt aber nicht *jede* Rückholeinrichtung die günstigste Einbringstellung für die Werkstücke.

Es wurde schon darauf hingewiesen, daß bei den hydraulischen Werkstückspannern die Übertragungsmittel, Druckkolben, Druckmittel und Spannkolben, keine langen Wege zurücklegen sollen. Für große Kolbenhübe sind die mit plastischer Masse gesteuerten Einrichtungen nicht geeignet. In ungünstigen Fällen sollen die Kolbenhübe im Bereich von einigen Millimetern liegen. Am zuverlässigsten arbeiten die Spanneinrichtungen, bei denen sich Spannen und Entspannen nur in Millimeterbruchteilen abspielen.

36. Kolbenträger als Schwenkteil. Die soeben beschriebenen Nachteile lassen sich zum größten Teil vermeiden, wenn Widerlager oder Spannkolbenträger als Schwenkteil ausgebildet werden (Abb. 37). In der Praxis hat es sich erwiesen, daß dem Abschwenken des Kolbenträgers der Vorzug zu geben ist. Beim Einfüllen der plastischen Masse ist es auch vorteilhafter, wenn nur das Schwenkteil und nicht die ganze Vorrichtung zu erwärmen ist. Aus grundsätzlichen Erwägungen vorrichtungstechnischer Art wird man immer das Widerlager als Festpunkt betrachten. Bei einem schwenkbaren Widerlager können sich Spiele einschleichen, die sich auf die Fertigungsgüte des Werkstücks ungünstig auswirken können. Bei der Ausführung des Kolbenträgers als Schwenkteil wird die Vorrichtung gut zugänglich, die Späne können leicht entfernt und Werkstückauflage und Werkstückanlagen leicht gesäubert werden. Zum Entspannen genügt eine ganz kurze Linksdrehung der Druckschraube.

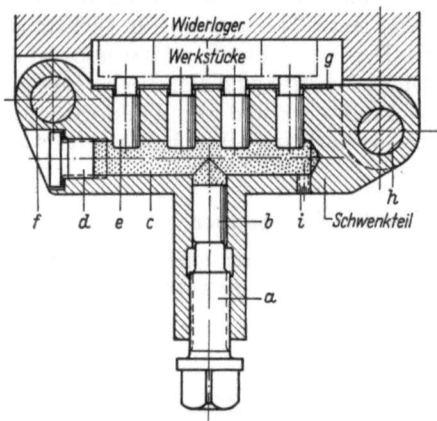

Abb. 37. Kolbenträger als Schwenkteil
a Druckschraube; *b* Druckkolben; *c* plastische Masse; *d* Füllschraube; *e* Spannkolben; *f* fester Schwenkbolzen; *g* Deckleiste; *h* Verriegelungsbolzen; *i* Entlüftungsschraube

Nach dem Ausschwenken der Klappe lassen sich die bearbeiteten Werkstücke leicht herausnehmen und neue ebenso leicht einlegen. Das ist bei größeren Stückzahlen von ganz erheblicher Bedeutung. Beim Einschwenken der Klappe stellen sich die Kolben beim Auftreffen auf die Werkstücke auch bei fehlender Rückholeinrichtung in die richtige Spannstellung. Die Klappe wird mit einem kräftigen Steckstift in ihrer Stellung festgelegt. Sind die neueingelegten Werkstücke etwas höher als die vorher gespannten, so wird sich der Steckstift erst nach weiterer Linksdrehung der Druckschraube einführen lassen. Es ist daher zweckmäßig, schon beim Entspannen die zusätzliche Linksdrehung auszuführen. Das ist eine Erfahrung, die sich der Maschinenarbeiter sehr bald aneignet.

Der Schwenkteil (die Klappe) muß kräftig ausgeführt werden. Bei Klappen, die sich biegen oder verwinden, klemmen die öldicht eingeläppten Kolben. Ihr Spannanteil wird dadurch geringer. Bei nicht richtig bemessenen Vorrichtungen dieser Art kann es vorkommen, daß der Steckstift sich auch nach dem Entspannen der Klappe nicht herausziehen läßt. Die ganze Vorrichtung ist verklemmt. Hier genügt oft ein Schlag mit dem Holzhammer gegen den Vorrichtungskörper, um diese Verklemmung zu lösen. Das ist natürlich kein erstrebenswerter Zustand. Besser ist es, die Vorrichtung, besonders die Klappe, richtig, d. h. starr genug, auszuführen. Man denke immer an die öldichten Passungen der Kolben. Auch ganz geringe, noch innerhalb der Elastizitätsgrenzen liegende Verwindungen können zum Verklemmen der Kolben führen.

Die Klappe hat nicht nur spanntechnische, sondern bietet auch ganz wesentliche fertigungstechnische Vorzüge. Das Spannen und Entspannen erfolgt durch die Druckschraube, die unmittelbar auf den Druckkolben wirkt. Während die Spannklappe immer die gleiche Lage hat, wird das hydraulische System (Druckkolben, Druckmittel und Spannkolben) innerhalb bestimmter Grenzen durch Betätigung der Druckschraube verschoben.

Die Ausführungsformen nach Abb. 36 und 37 haben den Mangel, daß die Spannkolbenstellung im ungespannten Zustand nicht festgelegt ist. Beim Entspannen ziehen sich deshalb die Kolben nicht in die gleichen Endstellungen zurück. Das hat seine Ursache in dem verschiedenen Spiel, mit dem die Kolben in die Kolbenbohrungen geläppt sind. Leichtgehende Kolben ziehen sich natürlich eher zurück als schwergehende. Nur durch verwickelte Rückholeinrichtungen ist dieser Mangel zu beseitigen. Durch einfache Rückholeinrichtungen wird schon eine wesentliche Verbesserung erzielt, jedoch keine eindeutige Sicherheit gleicher Kolbenstellung gewährleistet.

Verzichtet man auf Rückholeinrichtungen, dann können sich nach dem Entspannen die unterschiedlichsten Kolbenstellungen ergeben. Wenn z. B., wie in Abb. 36 gezeigt wird, — gewollt oder ungewollt — auf den Kolben III ein leichter Druck ausgeübt wird, dann schieben sich die Kolben $I-II-IV$ in eine beliebige Stellung. Das ist für die Funktion nicht von Belang, wird wohl auch in vielen Fällen, wenn eine man besonders „billige" Vorrichtung haben will, in Kauf genommen.

Bei der Kolbenstellung, wie sie in Abb. 36 gezeigt wird, läßt sich nur das Werkstück W_{III} ohne Hemmung einlegen. Um das Einlegen der anderen zu ermöglichen, müssen durch besondere Betätigung die jeweiligen Kolben zurückgedrückt werden. Das kann bei einiger Gewöhnung schnell gehen, kann aber bei ständiger Wiederholung (besonders, wenn viele Werkstücke einzulegen sind) recht lästig werden. Jedenfalls ist mit einer solchen Einrichtung kein glatter, reibungsloser Werkstückwechsel gewährleistet. Bei der Ausführungsform mit Klappe, wie sie in Abb. 37 und 38 schematisch dargestellt ist, wird dem Übelstand durch die Deckleiste abgeholfen.

37. Kolbenschwenkteil als Spannelement. Wenn kleine Stückzahlen (4 oder 6) gespannt werden sollen, spielen die oben genannten Unzulänglichkeiten eine untergeordnete Rolle. Sollen aber größere Stückzahlen (20), wie man es bei Schleifoperationen an kleinen Werkstücken gern sieht, in einer Aufspannung aufgenommen werden, dann wachsen sich diese Störungen zu ernsthaften Belastungen aus. In solchen Fällen wird man die Klappe mit gutem Vorteil nach Abb. 38 ausführen. Hier gibt es für das Spannen und Entspannen nur je drei genau abgegrenzte Bewegungsvorgänge: Öffnen oder Schließen der Klappe, Einschwenken oder Ausschwenken der Augenschraube, Anziehen oder Nachlassen der Spannmutter. Man braucht dabei keine Rücksicht auf die Stellung der Kolben zu nehmen.

Liegt die Spannhöhe der Werkstücke innerhalb mäßig großer Toleranzen, so erübrigen sich bei dieser Ausführung besondere Rückholeinrichtungen. Das Druckmittel (plastische Masse) wird unter Zuhilfenahme von Werkstückattrappen mittlerer Werkstücktoleranz so abgestimmt, daß die Spannmutter auf der Klappengabel satt aufliegt. Der Weg der Spannkolben wird auf einige Millimeter begrenzt (s. Abb. 38). Die Begrenzung wird durch eine Deckschiene erreicht, die das System nach der Werkstückseite abschließt. Damit wird gleichzeitig auch einem Herausfallen zu leichtgehender Spannkolben vorgebeugt.

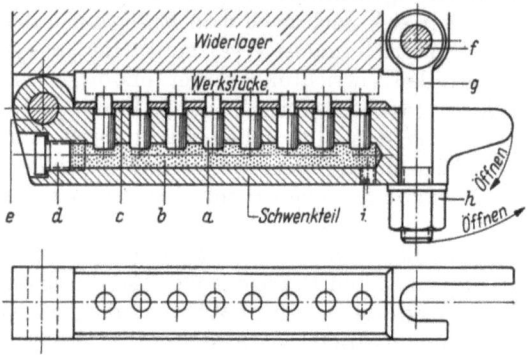

Abb. 38. Kolbenschwenkteil als Spannelement
a Spannkolben; *b* plastische Masse; *c* Deckplatte; *d* Füllschraube; *e* Schwenkbolzen; *f* Gelenkbolzen; *g* Augenschraube; *h* Spannmutter; *i* Entlüftungsschraube

Die Herstellung einer solchen Klappe bereitet — vom fertigungstechnischen Standpunkt aus gesehen — keine besonderen Schwierigkeiten. Besondere Sorgfalt ist nur bei der Fertigung der Kolben und der zugehörenden Bohrungen aufzuwenden. Der Spannvorgang spielt sich auf dem Prinzip des Höhenausgleichs ab.

Bei Werkstückhöhenunterschieden verschiebt sich nur geringfügig das ganze System in sich. Diese Ausführungsform hat sich besonders gut bewährt bei Schleifvorrichtungen für Kleinteile, die in größeren Stückzahlen in einer Aufspannung aufgenommen werden. Die reine Spannzeit ist — abgesehen von der Einlegezeit — nicht nennenswert höher als beim Spannen eines Einzelstücks (ausgeführte Vorrichtungen s. Abschn. F).

38. Mittelbares Spannen. Der Aufbau eines hydraulischen Werkstückspanners ist immer sehr einfach und betriebssicher, wenn der Spannkolben unmittelbar auf das Werkstück wirken kann. Das ist aber nicht immer möglich. Oft müssen Lösungen gefunden werden, bei denen der hydraulische Druck mittelbar, d. h. über ein Spanneisen auf das Werkstück wirkt. Solche Vereinigungen von Spannkolben eines hydraulischen Systems mit einem oder mehreren Spanneisen können vielseitig verwendbar sein. Mit ihnen lassen sich praktisch die meisten Spannprobleme beherrschen.

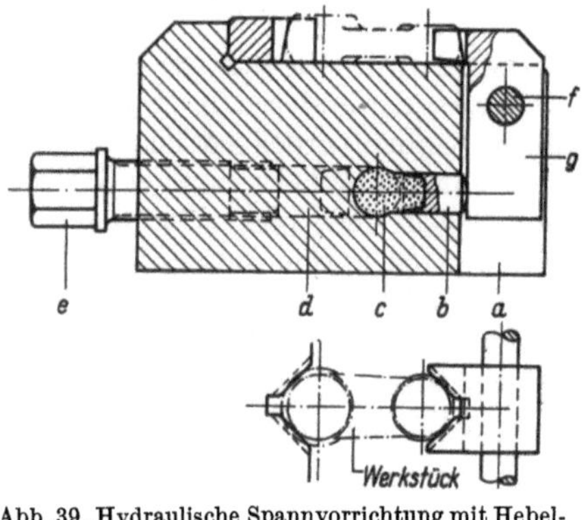

Häufig drängen sich derartige Verbindungen auf, wenn es sich um niedrige Werkstücke handelt, die an der Oberseite zu bearbeiten sind und deshalb nicht von oben herunter auf die Auflage gespannt werden können. Ein Beispiel zeigt die Abb. 39. Wenn die Augen in einer Aufspannung abgestuft plangefräst werden sollen, besteht keine Möglichkeit, die Spannelemente auf die Augen zu legen. Das Teil muß also seitlich gespannt,

Abb. 39. Hydraulische Spannvorrichtung mit Hebelübertragung
a Vorrichtungskörper; *b* Spannkolben; *c* Druckmittel (plastische Masse); *d* Druckkolben; *e* Druckschraube; *f* Schwenkbolzen; *g* Spannhebel

festgelegt und gleichzeitig heruntergezogen werden. Spannkolben sind für das seitliche Spannen in diesem Fall ungeeignet.
In solchen Fällen kann zwischen Spannkolben und Werkstück ein Schwenkhebel eingebaut werden. Selbstverständlich sind auch andere Ausführungen möglich. Die Begründung für die hier skizzierte Lösung wird bei der Besprechung der Gesamtvorrichtung im Abschn. F gebracht. An dieser Stelle soll nur gezeigt werden, was unter mittelbarem hydraulischem Werkstückspannen zu verstehen ist.

Bei der Konstruktion der mittelbar über Hebel wirkenden Systeme ist darauf zu achten, daß in den meisten Fällen die auf das Spanneisen wirkenden hydraulischen Kräfte durch die Hebelübersetzung geändert werden. Bei der Anordnung nach Abb. 40 und 41 werden die auf das Werkstück wirkenden Auflagekräfte in jedem Fall geringer als die Eingangskraft P. Bei der Anordnung nach Abb. 42 können, je nach Wahl des Gegenlagers C, die Auflagekräfte auf das Werkstück vergrößert ($a > b$) oder verringert ($a < b$) werden. Durch die Hebelübersetzung nach Abb. 40 wird die eingeleitete Kraft des hydraulischen Spannkolbens in ihrer Wirkung auf das Werkstück halbiert. Durch Verschiebung des Spannkolbens in Richtung des Werkstücks beträgt bei einer Anordnung nach Abb. 41 die Auflagekraft des Spanneisens auf das Werkstück 1000 kg bei einer eingeleiteten Kolbenkraft von 1500 kg. Bei der Konstruktion nach Abb. 42 ist die Auflagekraft des Spanneisens auf das Werkstück doppelt so groß wie die eingeleitete Kolbenkraft, während die Kraftwirkung auf das Widerlager gegenüber der Eingangskraft verdreifacht wird.

Für das mittelbare hydraulische Werkstückspannen bestehen somit viele Möglichkeiten. Welcher letztlich der Vorzug gegeben wird, hängt ab von der Werkstücksform und -größe, von der Platzfrage, vom Arbeitsvorgang, von der Werkzeugmaschine usw. Jedenfalls kann man hier,

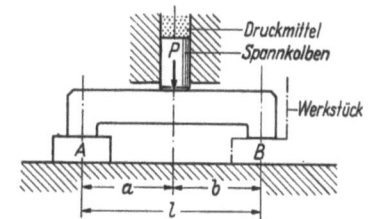

Abb. 40. Eingangskraft P wird auf den Stützen A und B halbiert:
$P = 1500$ kg $\quad l = 12$ cm $\quad a = b = 6$ cm
$$A = B = \frac{P \cdot a}{l} = \frac{P \cdot b}{l} = \frac{1500 \cdot 6}{12} = 750 \text{ kg}$$

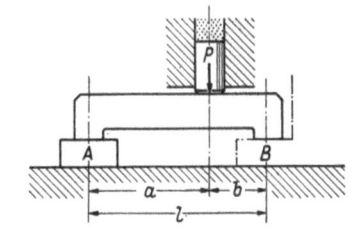

Abb. 41. Eingangskraft P wirkt auf die Stützen mit verschiedenen Auflagekräften:
$P = 1500$ kg $\quad l = 12$ cm $\quad a = 8$ cm $\quad b = 4$ cm
$$A = \frac{P \cdot b}{l} = \frac{1500 \cdot 4}{12} = 500 \text{ kg}$$
$$B = \frac{P \cdot a}{l} = \frac{1500 \cdot 8}{12} = 1000 \text{ kg}$$

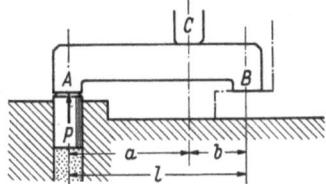

Abb. 42. Die Auflagekräfte werden höher als die Eingangskraft P:
$P = 1500$ kg $\quad l = 12$ cm $\quad a = 8$ cm $\quad b = 4$ cm
$$A = P$$
$$C = \frac{A \cdot l}{b} = \frac{1500 \cdot 12}{4} = 4500 \text{ kg}$$
$$B = \frac{C \cdot a}{l} = \frac{4500 \cdot 8}{12} = 3000 \text{ kg}$$

wie schon die einfachen Rechenbeispiele zeigen, geringe Eingangskräfte in hohe Spannwirkungen umzusetzen.

Es wurde schon angedeutet, daß der Vorrichtungskonstrukteur wenig rechnet; er wählt die Abmessungen meist gefühlsmäßig. Das ist verständlich und ist auch dort angebracht, wo sich die Spannelemente der gleichen oder ähnlichen Ausführung oft wiederholen. Es kann aber nur empfohlen werden, bei der Vereinigung von hydraulischen Systemen mit Spanneisen die Festigkeit der gewählten Spanneisen rechnerisch zu überprüfen. Mit hydraulischen Mitteln können erhebliche Kräfte ausgeübt werden. Wenn diese sich noch, wie Abb. 42 zeigt, verdoppeln, dann erreichen die Flächendrücke Ausmaße, die entweder das Werkstück verformen oder bleibende Eindrücke auf der Spannstelle hinterlassen.

Wenn sich auch der Werkstattmann beim Spannen mit Spanneisen oder sonstigen Elementen ein gutes Gefühl für das „Geraderichtig" erworben hat, so versagt dieses Gefühl doch sehr oft bei hydraulisch betriebenen Spanneinrichtungen. Es ist Aufgabe des Konstrukteurs, die Spannelemente so zu bemessen, daß sie bei natürlichem Gebrauch nicht überzogen werden können. Die Spannorgane dürfen also weder zu leicht noch zu schwer sein; sie müssen im richtigen Verhältnis zur hydraulischen Krafterzeugung stehen. Zum anderen ist es aber auch widersinnig, die hydraulische Krafterzeugung weiterzutreiben, als die für gewöhnliche Verhältnisse gewählten Spanneisen aufnehmen können. Auch hier gilt: Jede Kette ist nur so stark wie ihr schwächstes Glied! Wenn das Schätzvermögen versagt, ist es notwendig, die einzelnen Elemente auf Biegung und Flächenpressung rechnerisch zu überprüfen. Ausgangspunkt ist immer das Werkstück. Es muß so fest gespannt werden, daß es sich unter dem Zerspanungsangriff nicht verlagern kann. Dabei dürfen die Spannelemente, in diesem Fall die Spanneisen, keine bleibenden Eindrücke auf der Oberfläche hinterlassen.

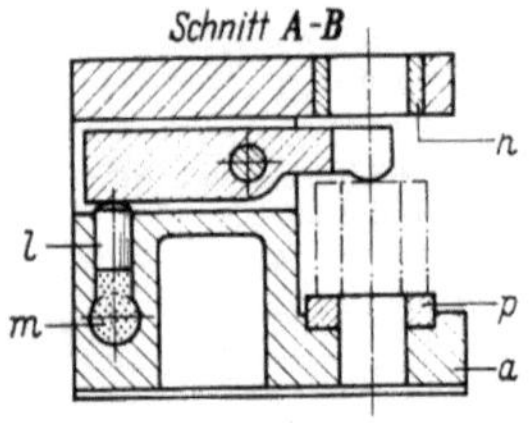

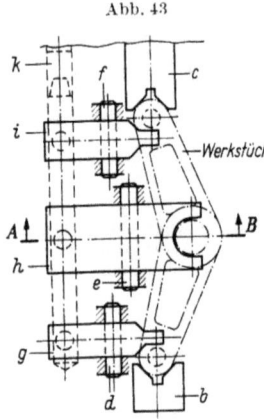

Abb. 43

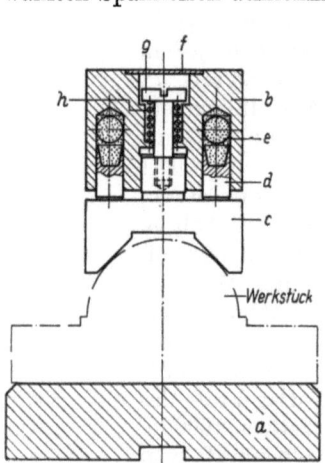

Abb. 44
Abb. 43 und 44. Mittelbares hydraulisches Spannen mit 3 Spannhebeln
a Vorrichtungskörper; b festes Prisma; c Spannprisma; d, e, f Schwenkstifte; g, h, i Spanneisen; k Druckkolben; l Spannkolben; m plastische Masse; n Grundbuchse; p gehärtete Werkstückauflage

Abb. 45. Mittelbares Spannen mit einem Spann- und Ausrichtprisma
a Vorrichtungsgrundkörper; b Schwenkteil; c Prisma; d Spannkolben; e plastische Masse; f Deckscheibe; g Federbolzen; h Rückholfeder

Ein besonders dankbares Gebiet ist das gleichzeitige Betätigen mehrerer Spanneisen an einem Werkstück durch hydraulische Mittel. Sind viele Spannstellen vorhanden, dann ist es naheliegend, sie zugleich von einer Stelle aus zu bedienen. Aber dieses Spannen „von einer Stelle aus" lohnt sich auch schon, wenn nur drei Spannstellen, die ungünstig zur Griffseite (Werkstückeinlegeseite) liegen, von der Griffseite aus zugleich gehandhabt werden können. Ein Beispiel bieten die Abb. 43 und 44. Hier wird das hydraulisch-mechanische Spannsystem bei einer Bohrvorrichtung angewandt. Die Bohrungen sind in dem Graugußhebel vorgegossen. Es treten deshalb beim ersten Bohrerdurchgang infolge der Kernversetzungen starke, schiebende Kräfte auf, denen die Spannprismen allein nicht gewachsen sind. Es ist zweckmäßig, jedes Auge noch zusätzlich unmittelbar unter der Bohrbuchse auf die Auflage zu spannen. Der Spannvorgang wird in beiden Abbildungen gezeigt; die Anwendung wird anhand einer ausgeführten Vorrichtung ausführlich in Abschn. F besprochen.

Ein weiteres Beispiel für mittelbares Spannen bietet Abb. 45. Hier werden sechs Werkstücke mit Halbrundprofil mittels sechs voneinander unabhängigen Prismen festgelegt und gleichzeitig gespannt. Jedes Prisma wird von zwei Spannkolben gespannt. Der Prismensatz ist in einer Klappe untergebracht. Die Arbeitsweise beruht auf dem selbsttätigen Höhenausgleich nach Abb. 38. Die praktische Anwendung wird noch im Abschn. F eingehend besprochen.

39. Spannen in verschiedenen Ebenen. Wenn die Lage eines Werkstücks innerhalb der Vorrichtung durch eine Nut, eine Bohrung, eine Zentrierung oder ein anderes Hilfsmittel eindeutig festgelegt werden kann, genügt im allgemeinen das Spannen in *einer* Richtung. Meistens wird dabei das Werkstück durch dieses Spannorgan gegen die Werkstückauflage gedrückt. Hier genügt, wenn kein Mehrstückspannen verlangt wird, ein einfaches Spanneisen. Muß aber, wie es bei den meisten Vorrichtungen notwendig ist, in *zwei* Richtungen gespannt werden (gegen eine Auflage und eine Anlage), dann erfordert das Spannen mehr Aufmerksamkeit und mehr Zeit. Es sind dann zwei Spanneisen zu betätigen, wobei noch zu beachten ist, daß dies auch in der richtigen Reihenfolge zu geschehen hat. Selten ist es möglich, die beiden Spannvorgänge, da sie oft in zwei verschiedenen Ebenen wirksam sind, in einem Spannorgan zu vereinigen. Die Spannzeit vervielfältigt sich natürlich, wenn mit diesen Mitteln viele Stücke neben- oder hintereinander zu spannen sind.

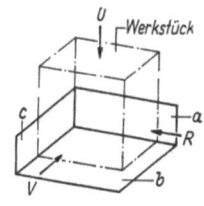

Noch ungünstiger wird es, wenn ein Werkstück in *drei* Ebenen (gegen die Auflage und zwei Anlagen) gespannt werden muß (Abb. 46). Hier ist in den seltensten Fällen eine Hebelzusammenfassung möglich.

Abb. 46. Spannen in 3 Richtungen (Schema)
O von oben; *R* von rechts; *V* von vorn; *a* hintere Anlage; *b* Auflage; *c* linke Anlage

Zwei- oder Dreifachspannen in mehreren Ebenen läßt sich aber durch hydraulische Spannmittel verhältnismäßig leicht und vor allem spannsicher durchführen. Bei geschickter Anordnung der Kanäle lassen sich auch die schwierigsten Spannaufgaben lösen. Es ist dabei nur — wie schon des öfteren betont wurde — darauf zu achten, daß durch die Kanalüberschneidungen keine Luftpolster entstehen können. In Zweifelsfällen sind einige Entlüftungsmöglichkeiten im Kanalsystem vorzusehen. Hierzu genügen kleine Verschlußschrauben (*i* in Abb. 20, S. 15).

Bei der Zusammenfassung von hydraulischen Spannelementen lassen sich auch die Spannkräfte unschwer abstufen. Es wird oft verlangt, daß die Werkstücke in einem Spannvorgang kräftig gegen eine Anlage gespannt und mit einem anderen Organ in einer weiteren Richtung bestimmt werden müssen. Das Bestimmen erfordert nicht die gleichhohen Kräfte, wie sie für das Spannen notwendig sind. Ihre Größe läßt sich durch verschiedene Bemessung der Kanäle erreichen. Gleichzeitig kann auch die Druckerzeugungsspindel an jede beliebige Stelle, an die beste Griffseite gelegt werden.

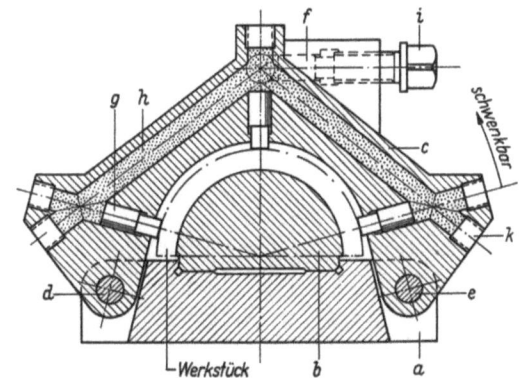

Abb. 47. Spannen in 3 Richtungen von einer Schwenkbrücke aus
a Vorrichtungskörper; *b* Zentrierung; *c* Schwenkbrücke; *d* Schwenkbolzen; *e* Verriegelungsbolzen; *f* Druckkolben (1 Stck); *g* Spannkolben (6 Stck); *h* plastische Masse; *i* Druckschraube; *k* Verschlußstopfen

Ein besonders überzeugendes Beispiel für das hydraulische Spannen in mehreren Ebenen von einer Stelle aus gibt Abb. 47. Hier wird zweispindlig an jedem Ende des Werkstücks (Lagerschale) eine Stufe gefräst. Der Spanndeckel der Vorrichtung kann nach Lösen der Verriegelung um den Bolzen d geschwenkt werden. Die Zentrierung ist bei aufgeklapptem Spanndeckel zum Auflegen des Werkstücks und zum Entfernen der Späne leicht zugänglich. Der Spanndeckel wird mit einem Steckstift e verriegelt. Selbstverständlich kann auch jede andere im Vorrichtungsbau übliche Verriegelung angewendet werden. Gespannt wird das Werkstück mit 6 Spannkolben; der hydraulische Druck wird durch eine Druckschraube über einen Druckkolben erzeugt. Auf Rückholfedern kann verzichtet werden; die Spannkolben können bei aufgeklapptem Deckel das Einlegen des Werkstücks nicht stören. Sie stellen sich, gleich welche Lage sie beim Entspannen einnehmen, ohne Schwierigkeit auf das Werkstück ein. Sie sind aber, wie im Bild gezeigt wird, gegen Herausfallen gesichert.

40. Höhenausgleich. Eine ganz besondere Bedeutung erhält das hydraulische Spannen, wenn Werkstück-Höhenunterschiede auszugleichen sind, weil dieses mit rein mechanischen Mitteln (Abb. 5 und 6) umständlich und kostspielig ist. Wenn es sich um nur einen Spannvorgang mit Zweipunktauflage handelt, läßt sich das Verkanten des Spanneisens durch Kugelscheibe und Kugelpfanne ausgleichen. Daß sich dabei das Spanneisen entsprechend dem Höhenunterschied der Augen um einen geringen Betrag schräg stellt, ist nicht von Belang. Beim hydraulischen Spannen (Abb. 38) drückt jeder Spannkolben mit der gleichen Kraft auf das einzelne Werkstück, auch wenn diese verschieden hoch sind oder wenn die Spannklappe nach oben oder unten etwas schräg steht.

Wenn das Spannorgan gleichzeitig als Bohrplatte dient und die Bohrbuchsen genau senkrecht auf dem Werkstück stehen müssen, wie z. B. bei Schnellspann-Bohrvorrichtungen, dann kann der Höhenausgleich besonders günstig durch hydraulische Mittel gelöst werden. Abb. 48 zeigt die Bohrplatte eines solchen Schnellspanners. Wenn die Platte mit den parallelgeführten Säulen abgesenkt wird, setzt sich zuerst *eine* Bohrbuchse auf ein Werkstückauge. Diese Buchse geht bei weiterem Senken nicht mehr mit und schiebt in der Platte die drei Spannkolben (Abb. 49) hoch. Durch das in sich geschlossene System treiben diese

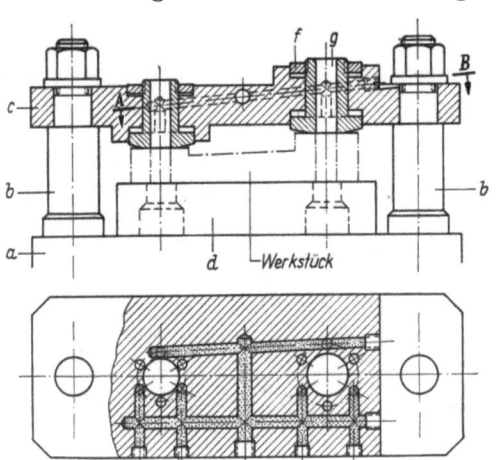

Abb. 48. Selbsttätiger Höhenausgleich
a Schnellspannergrundkörper; b Führungssäulen; c Bohr- und Spannplatte; d Vorrichtungsgrundkörper; e Verschlußstopfen; f Gewindering; g Bohrbuchse

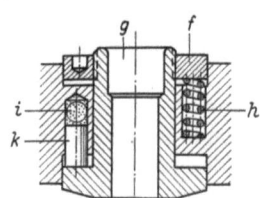

Abb. 49. Bohrbuchse zu Abb. 48
h Rückholfedern (3 Stck je Bohrbuchse); i plastische Masse; k Spannkolben (3 Stck je Bohrbuchse)

Spannkolben die plastische Masse und die Spannkolben der zweiten Buchse so lange vor, bis die zweite Buchse auf dem anderen Auge aufsitzt. Beim Entspannen

sorgen die Rückholfedern (Abb. 49) dafür, daß das hydraulische System in sich geschlossen bleibt.
Es ist in besonderen Fällen durchaus möglich, die Buchsen selbst als Spannkolben auszubilden. Da aber das Dichthalten nur bei einer tragenden Länge von mindestens 1,5 d gewährleistet ist, werden die Bohrbuchsen dann außergewöhnlich lang.
Diese Bauart eignet sich im allgemeinen besonders für größere Schnellspannvorrichtungen. Wenn der Schnellspanner in Ordnung ist, die Säulen spielfrei und genau winklig zur Auflage führen und die Bohrplatte mit Sorgfalt hergestellt ist, dann stehen auch bei stark wechselnden Werkstückhöhen die Bohrbuchsen immer senkrecht auf dem Werkstück. Weil die jeweilige Verschiebung der Bohrbuchsen nur ganz gering, ein Verschleiß also nicht zu erwarten ist, kann in diesem Fall auf harte Grundbuchsen verzichtet werden.

41. Hydraulische Dehndorne und Schrumpffutter haben für die Genauigkeitsfertigung rundlaufender Werkstücke und auch für die Aufnahme von Werkzeugen mit kreisender Bewegung eine ganz besondere Eignung bewiesen. Sie werden hauptsächlich dort eingesetzt, wo neben schnellem Spannen auch hohe Rundlaufgenauigkeit verlangt wird. Die Wirkungsweise dieser Dorne und Futter beruht auf einer Verformung der Außenhülle des Dornes oder der Innenbuchse des Futters durch hydraulischen Druck. Er wird erzeugt durch eine handbetätigte Schraube. Sie wirkt meist über einen Kolben auf das Druckmittel (Öl oder plastische Masse). Der in Abb. 50 gezeigte Dehndorn wird zwischen Spitzen aufgenommen und ist mit einer radial zu betätigenden Hydraulik ausgerüstet. In Sonderfällen werden

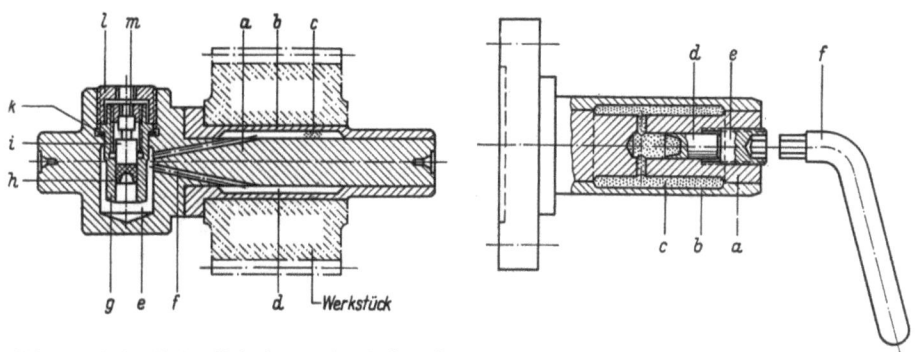

Abb. 50. Hydraulischer Dehndorn mit radial zu betätigender Hydraulik (nach Mahr, Eßlingen)
a Grundkörper; b dehnbarer Mantel; c Druckmittel (Öl); d und e Druckraum; f Druckkanal; g Zylinder; h Topfmanschette mit geschlossenem Boden; i Druckkolben; k Dichtung; l Gewindehaube; m Druckschraube

Abb. 51. Hydraulischer Dehndorn (fliegend) mit axial zu betätigender Hydraulik
a Grundkörper; b dehnbarer Mantel; c Druckmittel (plastische Masse); d Spannkolben; e Spannschraube; f Spannschlüssel

diese Dorne auch mit axial angeordneter Druckschraube hergestellt. Dann ist aber, von der Norm abweichend, der Zentrierdurchmesser größer auszuführen. Angeflanschte Dehndorne (Abb. 51) oder solche mit Aufnahmekegel können sowohl mit axial als auch mit radial zu betätigender Hydraulik versehen werden. Schrumpffutter sind angeflanscht oder haben einen Aufnahmekegel; sie erhalten stets eine radial zu betätigende Hydraulik.
In dem Dehndorn nach Abb. 50 sind die beiden Druckräume d und e durch Kanäle verbunden. Beim Anziehen der Druckschraube m wird der Druckkolben i mit der Manschette h in den Druckraum e geschoben und setzt das hier sowie in den Kanälen und im Raume d befindliche Druckmittel unter Druck. Da es sich nicht zusammendrücken läßt, sucht es nach der schwächsten Stelle, um auszuweichen,

drückt dabei auf die dünne Wand des dehnbaren Mantels und weitet ihn so lange, bis er in der Werkstückbohrung an allen Stellen anliegt. Der Dorn kann nun, je nach Bedarf, zum Zentrieren nur leicht angezogen oder zum Spannen für schwere Schnitte kräftig nachgezogen werden. Kräftiges Nachziehen darf jedoch nie bei offen liegendem Dorn (also ohne aufgesetztes Werkstück) vorgenommen werden. Es wäre dann möglich, den Mantel über die Elastizitätsgrenze des Werkstoffs hinaus bis zu bleibender Verformung zu weiten; er würde dann nicht mehr in seine ursprüngliche Form zurückfedern.

Die zu erzeugende Spannkraft ist sehr wirksam; mit einem solchen Dorn können auch bei glatten Bohrungen große Drehmomente übertragen werden, ohne Keile, Federn, Nocken oder Stifte. Schon aus diesem Grunde ist der Dehndorn ein praktisches, hochwertiges Fertigungsmittel. Darüber hinaus ist die Rundlaufgenauigkeit sehr hoch ($2 \cdots 5\,\mu$m); sie genügt bei den meisten Fertigungsverfahren. Die Aufnahmebohrungen dürfen allerdings keine großen Toleranzen aufweisen. Ihr Spiel gegenüber dem Dehndorn darf nicht größer sein als $0{,}001 \cdots 0{,}0015$ des Dehndornnenndurchmessers. Die Durchmesser der von der Firma Mahr hergestellten HOFER-Dehndorne liegen innerhalb des Toleranzfeldes h 3. Sie spannen bis 12 mm Durchmesser das Toleranzfeld H 6, über 12 bis 50 mm Durchmesser das Toleranzfeld H 7.

Dehndorne werden von den Lieferfirmen in verschiedenen werksgenormten Typen gefertigt. Ihre Ausführung, besonders die des Spannmantels, richtet sich jedoch nach der Werkstückgröße und nach den Toleranzen der Aufnahmebohrung. Dehndorne und Schrumpffutter werden fast immer als Sonderauftrag ausgeführt. Einer Anfrage oder Bestellung sind deshalb mitzugeben: eine Werkstückzeichnung, Angaben über die Art der Verwendung (zwischen den Spitzen, angeflanscht oder mit Aufnahmekegel), Spanndurchmesser und Spannlänge, Toleranzfeld der Bohrung, in der aufgenommen wird, wieviel Werkstücke gleichzeitig gespannt werden sollen und der Arbeitsvorgang (Drehen, Schleifen, Prüfen). Ausführungsbeispiele s. Abschn. F.

Bei den Dehndornen und Schrumpffuttern kann im allgemeinen auf besondere Rückholeinrichtungen verzichtet werden. Die Dehnmäntel wirken wie Rückholfedern. Es ist aber weder zulässig, daß der Mantel überzogen wird, noch ist es gut, wenn beim Entspannen in den Kanälen ein Unterdruck entsteht. Bei noch so gut eingeläppten Kolben ist es dann doch einmal möglich, daß Luft eindringt, die das gute Arbeiten oder auch die Rundlaufgenauigkeit in Frage stellen kann. Deshalb muß der Weg, den die Druckschraube beim Entspannen zurückzulegen hat, durch einfache Mittel (Gegenmutter, Stellring, Anschlagstift) begrenzt werden.

E. Rückholeinrichtungen für die Kolben

42. Der Zusammenhang zwischen Druck- und Spannkolben. Wie aus den bisherigen Ausführungen hervorgeht, ist es für das gute Arbeiten hydraulischer Werk-

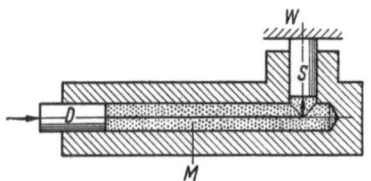
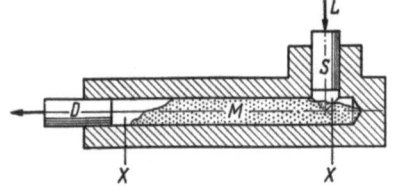

Abb. 52. Gespannt: Zusammenhang D-M-S nicht unterbrochen

Abb. 53. Entspannt: Zusammenhang D-M-S bei X abgerissen, Kolben S geht zu schwer

Abb. 52 und 53. Zusammenhängende und abgerissene Hydraulik
D Druckkolben; M plastische Masse; S Spannkolben; W Widerlager oder Werkstück; L äußerer Luftdruck

stückspanner wesentlich, daß der Zusammenhang zwischen Druckkolben, Druckmittel und Spannkolben in keinem Fall unterbrochen wird, weder in gespanntem

Zustand durch Lufteinschlüsse, noch in entspanntem Zustand durch Unterdruck (Abb. 52 und 53).

Wenn der Idealfall angenommen wird, daß alle Kolben sich mit der gleichen, öldichten Passung in den Kanälen bewegen, dann werden sie beim Entspannen durch den äußeren Luftdruck gleichweit in ihre Ausgangsstellung zurückgeschoben und das Kanalvolumen zwischen Druck- und Spannkolben bleibt unverändert. Da es aber nur mit überdurchschnittlichem Fertigungsaufwand gelingt, diesen Idealzustand zu schaffen, müssen Wege gefunden werden, den Zusammenhang Druckkolben — Druckmittel — Spannkolben *zwangsläufig* zu sichern.

43. Ungleichmäßige Rückzugbewegung der Spannkolben. Stehen die Spannkolben frei auf dem Druckmittel und geht der eine oder andere etwas strenger, so werden diese beim Entspannen mehr oder minder zurückbleiben. Das ist an sich bedeutungslos, wenn sich *alle* Kolben vom Werkstück zurückziehen. Das Einlegen der nachfolgenden Werkstücke wird dann nicht behindert. Wenn aber im entspannten Zustande aus irgendeinem Grund — gewollt oder ungewollt — auf irgendeinen Kolben ein Stoß ausgeübt wird, dann tritt dieser Kolben zurück, schiebt aber über das Druckmittel einen oder mehrere andere vor, wie schon in Abb. 36 (S. 21) angedeutet wurde. Die nun vorstehenden Kolben stören das Einlegen neuer Werkstücke. Das kann in manchen Fällen lästig sein und Zeitverluste verursachen.

Wenn ein Kolben zu leichtgehend eingepaßt ist, d. h., wenn er noch dicht gegen dickes Öl oder eine plastische Masse aber nicht luftdicht schließt, besteht die Gefahr, daß er bei der Entspannung aus der Bohrung herausfällt oder Luft in das System gerät. Eine gute plastische Masse soll allerdings auch unter solch unerwünschten Verhältnissen den Zusammenhang mit dem System nicht verlieren. Es ist aber besser, man läßt diese Erwartung unberücksichtigt und trifft Vorsorge, daß die Spannkolben durch geeignete Mittel *zwangsläufig* in gleiche Abstände von den Werkstücken zurückgezogen werden.

44. Die einfachste Rückholeinrichtung ist die Schraubenfeder. Der Gesamtaufbau der Vorrichtung wird bei Verwendung von Schraubenfedern etwas größer. Das ist aber in den meisten Fällen nicht von Belang. Man kommt im allgemeinen mit Federn für 2 ⋯ 10 kg Belastung aus. Wenn alle Kolben mit gleicher Passung sorgfältig in die Bohrungen geläppt sind, werden dafür auch gleiche Federn benötigt. Dieser Idealfall wird aber selten erreicht; die Gängigkeit der Kolben ist immer verschieden. Man wird nun nicht für jeden Kolben eine andere Feder vorsehen, sondern wählt alle Federn so, daß auch der schwerstgehende Kolben beim Entspannen mit Sicherheit zurückgeht. Es werden sich dann wohl die leichtgehenden schneller bewegen, aber alle Kolben können nur bis zu einem Anschlag zurückgehen.

In Abb. 54 liefert eine Schraubenfeder die Rückholkraft. In den hohlen Spannkolben a ist ein Spannstempel b eingepreßt, die Rückholfeder c liegt an dem Gewindeteller d und drückt auf den oberen Rand des Hohlkolbens a. In entspanntem Zustande wird der Rückweg w_2 des Druckkolbens e durch eine Nut und den Zapfen des Gewindestiftes begrenzt (Abb. 55). Die Rückholeinrichtung ist ein in sich geschlossener Einbauteil, der außerhalb der Vorrichtung zusammengesetzt werden kann. Bei der Bemessung des Spannstempels ist darauf zu achten, daß die Flächenpressung zwischen Stempelschaft und Kolbenboden nicht zu hoch und die Knickfestigkeit des Stempelschaftes nicht überschritten wird. Der obere Bund am Spannstempel b soll die Flächenpressung verkleinern, die am Werkstück sonst Markierungen hervorruft. Um die Fertigung nicht zu erschweren, hat der Stempelschaft im Gewindeteller ausreichendes Spiel. Diese Ausführung genügt durchaus, wenn es sich um kleinere Spannkräfte handelt. Sollen mit dieser Ausführung jedoch größere Kräfte übertragen werden, dann wird zweckmäßig der Schaft zusätzlich in der Bohrung des Gewindetellers geführt (Abb. 56: H 7/f 7). Es ist dann aber unerläßlich, daß auch der Gewindeteller im Vorrichtungskörper zentriert wird.

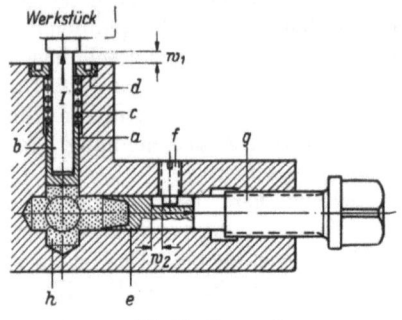

Abb. 54. Gespannt   Abb. 55. Entspannt

Abb. 54 ··· 56. Rückholeinrichtung mit Schraubenfeder
a Spannkolben; *b* Spannstempel; *c* Rückholfeder; *d* Gewindeteller; *e* Druckkolben; *f* Gewindestift mit Zapfen; *g* Druckschraube; w_1 und w_2 Rückwege des Spann- und Druckkolbens

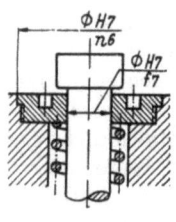

Abb. 56. Passungen

Eine den Abb. 54 ··· 56 entsprechende Rückholeinrichtung wird, auch wenn sie nur aus Drehteilen besteht, teuer in der Fertigung. Sie sollte nur dort vorgesehen werden, wo wenige Kolben, die in verschiedenen Ebenen liegen, zurückzuholen sind. Für Ausführungen mit vielen in einer oder mehreren Reihen liegenden Spannkolben gibt es, wie weiter zu zeigen ist, vorteilhaftere Lösungen.

45. Begrenzung des Kolbenweges. Für den Druckkolben wird im allgemeinen keine besondere Rückholfeder benötigt. Wenn sie für die Spannkolben richtig bemessen ist, dann drückt sie auch das Druckmittel und den Druckkolben in die festgelegte Endstellung zurück. Es ist beim Entspannen aber nicht richtig, mit der Spannschraube und so auch mit den Kolben mehr zurückzugehen als notwendig. Was zuviel zurückgegangen wird, muß beim nächsten Spannvorgang auch wieder vorgegangen werden. Abgesehen davon, daß die Spann- und Entspannvorgänge länger dauern, kann auch bei nicht begrenzten Rückwegen der Zusammenhang des hydraulischen Systems an irgendeiner Stelle abreißen.

Bei allen Ausführungsarten der hydraulischen Werkstückspanner ist es deshalb zweckmäßig, den Kolbenweg sowohl für den Druckkolben als auch für die Spannkolben zu begrenzen. Die Kolbenwege müssen, um kurze Spannzeiten zu erreichen, möglichst kurz sein, nicht länger als einige Millimeter. Das Maß wird durch die Werkstückform bestimmt. Sind die Werkstücke innerhalb geringer Toleranzen gleich hoch und lassen sie sich zwischen Spannkörper und Widerlager glatt einführen, dann genügt ein Rückholweg von 2 ··· 3 mm.

Eine zweckmäßige Begrenzung kann durch einfache Mittel erreicht werden. Es kommt darauf an, daß das hydraulische System zwangsläufig in sich geschlossen bleibt und beim Rückwärtsdrehen der Druckschraube nicht abreißen kann. Das in Abb. 54 und 55 zwischen Druck- und Spannkolben dargestellte Volumen muß in jeder Lage zwischen den beiden Endstellungen gleich bleiben. Durch den Anschlag des Druckkolbens wird das ganze System in seiner Rücklaufstellung festgelegt. Es gibt für diese Wegbegrenzung des Druckkolbens viele konstruktive Lösungen. Jedoch gilt es immer, die jeweils zweckmäßigste und dabei einfachste zu finden.

46. Klappen ohne Rückholeinrichtung. Spanner, bei denen das hydraulische System in einer schwenkbaren Spannklappe untergebracht ist, brauchen im allgemeinen keine besondere Rückholeinrichtung. Das Einlegen der Werkstücke wird bei geöffneter Klappe vorgenommen. Ungleichmäßig vorstehende Kolben stören dabei nicht. Beim Schließen der Klappe treffen sie auf die Werkstücke und richten sich dabei ohne besonderes Zutun aus. Gegen Herausfallen schützt man die Spannkolben, die dazu am Ende abgesetzt werden, wie in den Abb. 37 und 38 dargestellt ist, durch eine aufgeschraubte Deckleiste. Den Rückweg des Druckkolbens kann man, wie in Abb. 54 durch einen Gewindestift begrenzen.

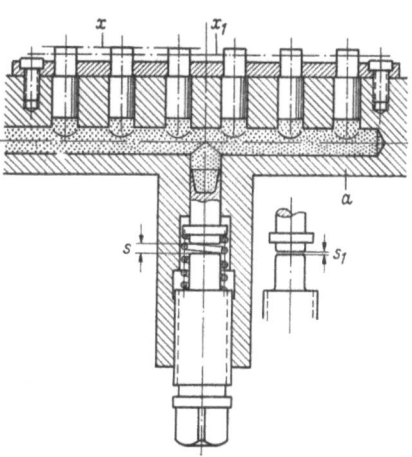

Größere Sicherheit für den Zusammenhang des hydraulischen Systems ist in konstruktiv einfacher Weise auch für Klappen nach Abb. 37 zu erreichen, wie in Abb. 57 gezeigt wird. Hier werden nicht die Spannkolben nach dem Entspannen einzeln vom Werkstück abgezogen, sondern das ganze System wird durch eine Feder zwischen Druckschraube und Druckkolben auch nach dem Öffnen der Klappe ständig unter Spannung gehalten. Entspannt werden alle Werkstücke durch eine kurze Drehbewegung der Druckschraube. Ebenso kurz ist der Spannvorgang. Wenn die Klappe geschlossen wird, treffen die unter Federspannung stehenden Spannkolben auf die Werkstücke, weichen zurück und schieben die plastische Masse mit dem Druckkolben bis kurz vor die Druckschraube. Die entgegengesetzte, aber gleich kurze Drehbewegung, wie sie beim Entspannen vorgenommen wurde, genügt, um die neu eingelegten Werkstücke zu spannen. Diese Ausführungsform hat noch den Vorteil, daß die Werkstücke schon beim Schließen der Klappe vorgespannt und so bis zum endgültigen Spannen in ihrer Lage festgehalten werden. Sie können sich nicht aus irgendeinem Grunde durch Erschütterung oder Berührung verschieben. Das kann besonders vorteilhaft beim Spannen vieler kleiner Teile sein.

Abb. 57. Federnder Druckkolben
a Klappe; x Stellung der Spannkolben bei geöffneter Klappe; x_1 bei geschlossener Klappe mit eingelegten Werkstücken; s Spalt bei geöffneter Klappe; s_1 Spalt bei geschlossener Klappe mit eingelegten Werkstücken

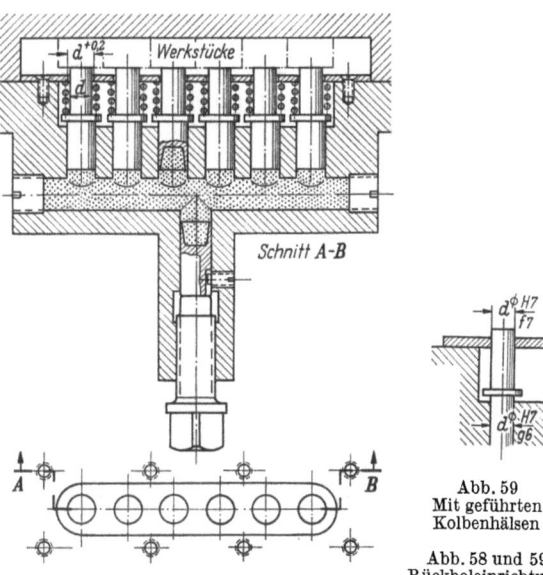

Abb. 58. Mit freistehenden Kolbenhälsen

Abb. 59 Mit geführten Kolbenhälsen

Abb. 58 und 59 Rückholeinrichtung hinter der Deckleiste

47. Systeme mit Rückholeinrichtung (Abb. 58 u. 59).
Die Spannkolben sind mit angedrehtem Hals und Federauflagebund versehen. Die durchgehende Deckleiste dient als gemeinsamer Federteller. Hier wird *jeder*

einzelne Spannkolben beim Entspannen unabhängig von den anderen vom Werkstück abgezogen. Die Ausführung Abb. 58 ist einfach, jedoch für schwere Spannaufgaben wenig geeignet, denn die freistehenden, weit herausragenden Kolbenhälse geraten unter dem Werkzeugangriff (besonders bei Fräsoperationen) in Schwingungen, die sich auf die Bearbeitungsgüte nachteilig auswirken. Die Spannsicherheit wird wesentlich verbessert, wenn die freistehenden Kolbenhälse zusätzlich in der Deckleiste geführt werden (Abb. 59). Das verteuert zwar die Einrichtung, macht sie aber für manche Spannaufgaben erst brauchbar. Damit die Deckleistenbohrungen mit den Kanalbohrungen genau übereinstimmen, müssen sie gemeinsam gebohrt, gesenkt und gerieben werden. Die Aussparung für die Bunde und Federn (s. Grundriß Abb. 58) ist dann nachträglich herauszufräsen.

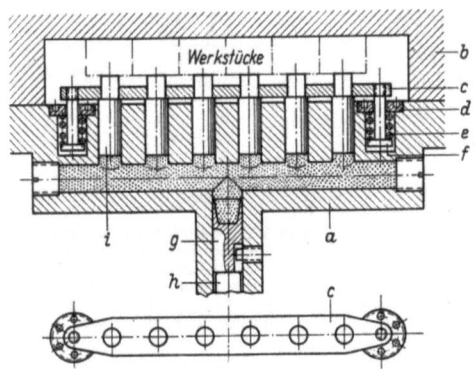

Abb. 60. Rückholeinrichtung durch federnde Rückholleiste
a Vorrichtungskörper; *b* Widerlager; *c* Rückholleiste; *d* Federteller; *e* Schraubenfeder; *f* Schraube mit Tellerkopf; *g* Druckkolben; *h* Druckschraube; *i* Spannkolben

Besser ist die *Sammelrückholeinrichtung* nach Abb. 60; besonders geeignet bei ganz kleinen Kolbenabständen. Sie benötigt auch nicht die weit herausstehenden Kolbenhälse. Die Einrichtung ist verhältnismäßig billig. Sie besteht aus der Rückholleiste *c*, 2 Schrauben mit Tellerkopf *f*, 2 Federtellern *d* und 2 Schraubenfedern *e*. Die Teile fordern keinen besonderen Fertigungsaufwand. Die Bohrungen der Leiste können einige 10tel Millimeter größer sein als der Spannkolbenhals. Die Abstände sind daher mit dem Spiralbohrer nach Anriß unschwer zu erreichen. Die Federstärke wird durch die Güte der Kolbenpassungen bestimmt. Berechnungen führen hier kaum zu einem brauchbaren Ergebnis. Werden die Federn zu schwach gewählt, dann verfehlt die Einrichtung ihren Zweck; zu starke Federn benötigen einen entsprechenden Platz. Es ist daher vorteilhaft, die Federstärke durch Versuch festzustellen. Das ist an sich nicht schwierig und führt am ehesten zu einem befriedigenden Ergebnis.

48. Verschiedene Rückholeinrichtungen. In Abb. 61 dient ein *Federring* als einfache Rückholeinrichtung für einen Spanndorn. Im allgemeinen wird man diesen Ring kaum so kräftig ausführen können, daß er auch schwergängige Kolben mit Sicherheit zurückführt. Das ist in diesem Fall nicht wesentlich, denn die Kolben bewegen sich nur um einige 100stel Millimeter.

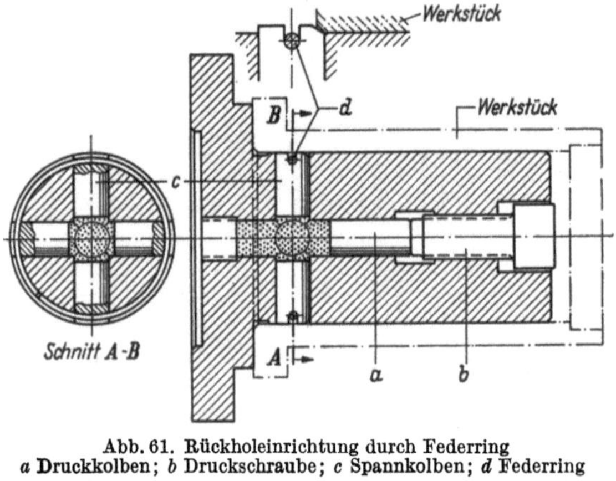

Abb. 61. Rückholeinrichtung durch Federring
a Druckkolben; *b* Druckschraube; *c* Spannkolben; *d* Federring

Der Spannring hat lediglich die Aufgabe, leichtgehende Kolben vor dem Herausfallen zu schützen. Die Kolben sind so stark abgeschrägt, daß sie beim Aufbringen des Werkstücks zwangsläufig zurückgeschoben werden.

Eine Rückholeinrichtung in Form einer starken *Blattfeder* ist in Abb. 66 zu erkennen. Diese Blattfeder (*i*) geht über die ganze Breite der Vorrichtung und drückt die Spannkolben mit den Hebeln zurück, wenn die Vorrichtung entspannt wird.

Man kann nur bei untergeordneten Vorrichtungen für Einzel- oder Kleinstserienfertigung auf eine Rückholeinrichtung verzichten. In jedem Fall sind aber Hubbegrenzungen für die Spannkolben vorzusehen. Bei Vorrichtungen für größere Serien, d. h. überall dort, wo es auf schnelles und sicheres Spannen und störungsfreies Einlegen der Werkstücke ankommt, ist der Einbau von Rückholeinrichtungen unerläßlich. Eine befriedigende Anordnung ist infolge Platzmangels oft recht schwierig. Da es sich aber in den weitaus meisten Fällen um kleine Wegstrecken handelt, lassen sich, wie die Beispiele erkennen lassen, immer brauchbare Lösungen finden. Weitere einfache Rückholelemente werden noch im nächsten Abschnitt gezeigt.

F. Beispiele ausgeführter handbetätigter Hydrospanner

49. Fräsvorrichtung für Gabelbolzen (Abb. 62 ⋯ 64). Bei diesen Gabelbolzen aus blankgezogenem Material werden der Gabelschlitz und die beiden äußeren Flächen mit einem Satzfräser in einem Durchgang fertiggefräst. Am anderen Ende des Bolzens wurden vorher in getrennter Arbeitsfolge mit der gleichen Vorrichtung die beiden Schlüsselflächen ebenfalls mit einem Satzfräser gefräst. Es liegt je Monat eine Serie von 120 Gabelbolzen auf. In einem Durchgang werden 6 Stück bearbeitet.

Obwohl es für die Verwendung der Werkstücke belanglos ist, ob der Gabelschlitz und die Schlüsselflächen fluchten, so ist es nicht falsch, wenn sie nach den Schlüsselflächen ausgerichtet werden. Hierdurch wird zumindest verhütet, daß sich die Werkstücke unter dem Angriff des Satzfräsers drehen. Es ist jedoch darauf zu achten, daß sie nur in den Prismen, aber nicht mit den Schlüsselflächen fest anliegen. Beim Fräsen der Schlüsselflächen muß man die Ausrichtleiste *p* in Abb. 63, die nur mit 2 Innensechskantschrauben an den Enden geheftet ist, entfernen.

Da beim Schlitzfräsen ins Volle gearbeitet wird und die Spanleistung nicht unerheblich ist, muß die Vorrichtung starr sein; sie darf unter dem Werkzeugangriff nicht schwingen. Der Grundkörper *a* ist ein gut bemessener Schweißteil. Die Prismenleiste *b*, die Auflageschiene *c* und die Ausrichtleiste *p* sind an den Werkstück-Berührungsstellen einsatzgehärtet.

Die Spannklappe *d* ist so kräftig ausgebildet, daß sie auch bei Überbeanspruchung nicht nennenswert durchfedert. Sie ist mit 12 abgesetzten Spannkolben *e* ausgerüstet, die ebenfalls einsatzgehärtet sind. Je 2 Kolben drücken auf ein Werkstück. Durch die Blattfedern *f*, die so angeordnet sind, daß sie nicht durch Späne behindert werden können, wird der Zusammenhang von Kolben und Druckmittel gewährleistet.

Eine Besonderheit ist hier die Nachstellschraube *i* mit Gegenmutter *k*. Wenn auch das Druckmittel in der Theorie als nicht zusammendrückbar gilt, so bleibt die Füllung doch nicht immer gleich. Die Masse schwindet bei niederen oder dehnt sich bei höheren Temperaturen, vielleicht werden etwaige Lufteinschlüsse nach und nach ausgeschieden. Nach einigem Gebrauch vergrößern sich auch — obwohl nur geringfügig — die Spiele der mechanisch beanspruchten Teile. Alle diese Einflüsse bewirken im Laufe der Zeit eine Änderung der Spannkolbenstellung; das ganze System „setzt" sich. Dann kann es notwendig werden, Masse nachzufüllen. Das ist, wenn Vorrichtung und Masse erwärmt werden müssen, meist umständlich, erübrigt sich jedoch, wenn eine Nachstellmöglichkeit vorhanden ist, die auch die erste Füllarbeit ganz erheblich vereinfacht.

Die Vorrichtung ist nach dem Öffnen der Spannklappe gut zugänglich für den Werkstückwechsel. Auch das Entfernen der Späne und das Reinigen der Werkstückauf- und Anlegeflächen bereitet keine Schwierigkeiten. Es sollte nicht übersehen werden, an der Klappe einen Griff l anzubringen. Das Öffnen der Klappe wird damit wesentlich erleichtert und unsachgemäßer Behandlung vorgebeugt.

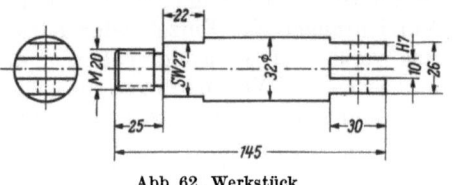

Abb. 62. Werkstück

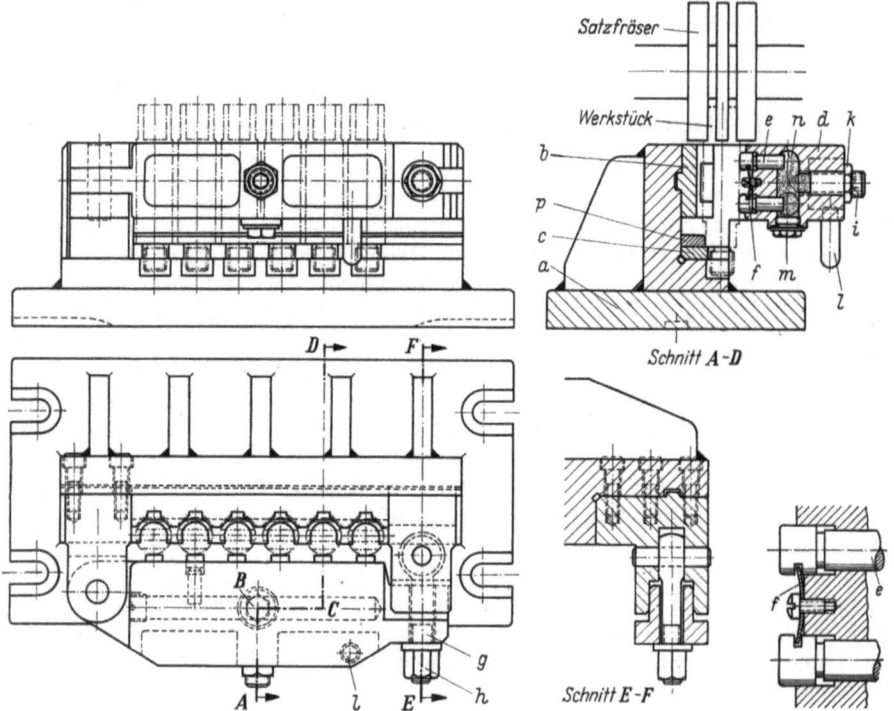

Abb. 63. Fräsvorrichtung

Abb. 64. Anordnung der Federn f als Rückholeinrichtung

a Grundkörper; b Prismenleiste; c Auflageschiene; d Spannklappe; e Spannbolzen; f Blattfeder; g Augenschraube; h Bundmutter; i Nachstellschraube; k Gegenmutter; l Griffbolzen; m Füllschraube; n Druckmittel (plastische Masse); p Ausrichtleiste

Abb. 62···64. Fräsvorrichtung für Gabelbolzen

50. Fräsvorrichtung für Hebel (Abb. 65 ··· 67). Bei diesem im Gesenk geschmiedeten kleinen Hebel sollen die beiden verschieden hohen Augen in einem Durchgang mit einer Toleranz von ± 0,1 mm auf Höhe gefräst werden. Die Unterseiten der Augen sind bereits plangefräst und dienen als Auflage. Es sollen 8 Werkstücke hintereinandergelegt werden. Der Abstand von Werkstück zu Werkstück muß, um die Laufzeit möglichst kurz zu halten, so gering wie möglich sein.

Unter diesen Voraussetzungen bereitet das Niederspannen der Werkstücke durch von oben wirkende Spannelemente fast unüberwindliche Schwierigkeiten. Es wird deshalb auf die übliche Spanneisenanordnung verzichtet. Die Werkstücke werden in Prismen festgelegt und gespannt. Als Festlager dient eine Prismenleiste b, die sich gegen eine feste Anlage am Grundkörper a stützt.

Auch wenn die Werkstücke im Gesenk sauber und maßhaltig geschmiedet sind, genügt diese Genauigkeit nicht, um alle Werkstücke gemeinsam mit einer starren Prismensammelleiste zuverlässig zu spannen; jedes Werkstück muß für sich gespannt werden. Es sind deshalb 8 einzelne Spannprismen c schwenkbar auf einem Bolzen d gelagert. Um die Spannzeit möglichst kurz zu halten, müssen alle Spannprismen durch *ein* Spannorgan betätigt werden.

Unmittelbar wirkende Schrauben verlängern die Spannzeit; Hebelverbindungen sind kostspielig und wenig zuverlässig im Einsatz. Auch hier läßt sich mit großem Vorteil das mittelbare hydraulische Spannsystem anwenden. 8 hydraulisch betätigte Spannkolben e drücken auf den verlängerten Hebelarm der 8 Spannprismen.

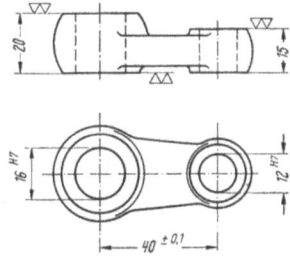

Abb. 65. Werkstück

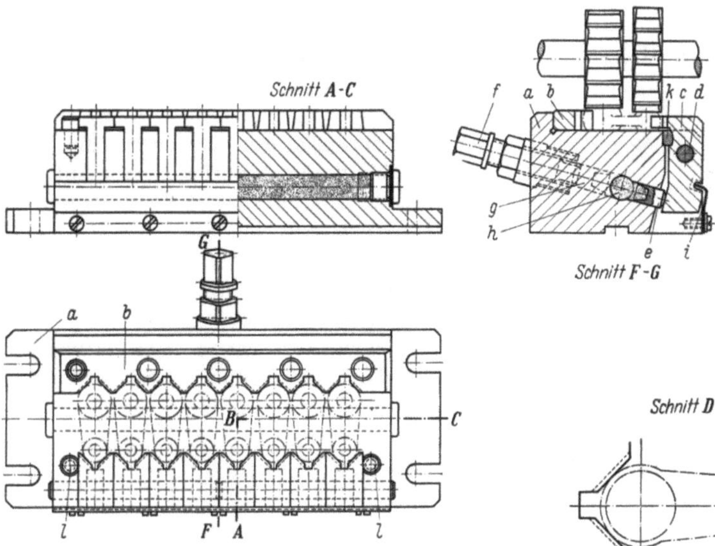

Abb. 66. Fräsvorrichtung
a Grundkörper; b Prismenleiste; c Spannprismen; d Schwenkbolzen; e Spannkolben; f Druckschraube; g Druckkolben; h Druckmittel (plastische Masse); i Rückholblattfeder; k Weichgummipolster (Späneschutz)

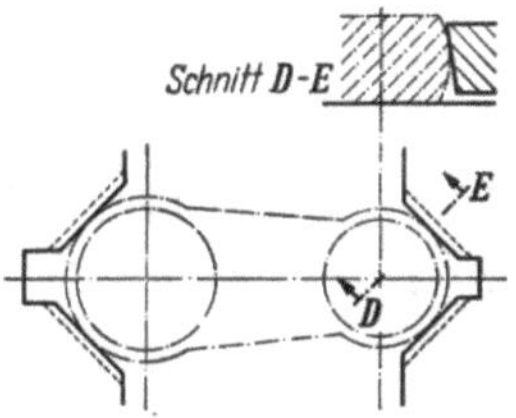

Abb. 67. Wirkungsweise der Spannprismen

Abb. 65···67. Fräsvorrichtung für Hebel

Der hydraulische Druck wird durch eine in der Mitte des Längskanals angeordnete Druckschraube f mit dem Druckkolben g erzeugt und durch das Druckmittel h gleichmäßig auf alle 8 Spannkolben e übertragen. Bei dem dargestellten Hebelverhältnis ist die auf das Werkstück wirkende Spannkraft des Prismas doppelt so groß wie die auf das längere Hebelende wirkende Kraft des Spannkolbens e.

Die Prismenwände stehen nicht nur in einem Winkel von 90° zueinander, sie sind zusätzlich in einer leichten Schräge zueinander geneigt, so daß die Prismenöffnung zur Werkstückauflage hin größer wird (Abb. 67). Damit wird eine Keilwirkung auf die kugelige Form der Werkstückköpfe ausgeübt; sie werden kräftig gegen die Auflage gedrückt und gegenüber dem Werkzeugangriff unverrückbar festgehalten.

Beim Entspannen zum Werkstückwechsel werden alle Spannprismen durch eine über die ganze Rückwand laufende Rückholblattfeder i (Abb. 66) gleichzeitig ziemlich kräftig zurückgedrückt. Das Spannprisma öffnet sich dabei so weit, daß die gefrästen Werkstücke leicht entnommen und neue ebenso bequem eingelegt werden können. Mit den Spannhebeln werden auch die 8 Spannkolben, das Druckmittel und der Druckkolben zurückbewegt. Der Zusammenhang zwischen Spannkolben, Druckmittel und Druckkolben reißt also nicht ab. Die Blattfeder ist so gestaltet, daß keine Späne in den Bewegungsmechanismus eindringen können. Ein weiterer Späneschutz ist am oberen Hebelende in Form eines Weichgummipolsters k vorgesehen. Es verhütet das Einfallen der Späne in die Hebelnuten.

Die einzelnen Spannprismen sind so zusammengepaßt, daß sie sich gegenseitig abstützen. Die beiden Endprismen stützen sich dabei zusätzlich gegen je einen Bolzen l ab. Je sorgfältiger — möglichst spielfrei — die Prismen zusammengepaßt werden, um so ruhiger (ratterfreier) liegt die Vorrichtung unter dem Fräserangriff. Das wirkt sich besonders günstig auf die Oberflächengüte der zu bearbeitenden Werkstückflächen aus.

Trotz der wünschenswerten Sorgfalt, die bei der Herstellung dieses Spanners aufzuwenden ist, wird die Fertigung nicht vor überragende Aufgaben gestellt. Da es sich bei der Herstellung von Betriebsmitteln fast immer um Einzelherstellungen handelt, lassen sich die Genauigkeitsforderungen durch An- und Einpassen unschwer verwirklichen. Diese Vorrichtungsart eignet sich für Serien in der Größenordnung von 80···400 Stück. Bei kleineren Serien ist der Aufwand zu groß. Dort spannt man höchstens 2 Stück mit einem Spanneisen. Bei Großserien wird man ebenfalls andere Wege gehen müssen; zumindest muß dann die Handspannung durch pneumatische oder hydraulische Mittel abgelöst werden.

51. Schleifvorrichtung für Winkelstück (Abb. 68···71). Das Winkelstück wird monatlich in

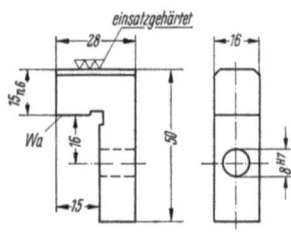

Abb. 68. Werkstück

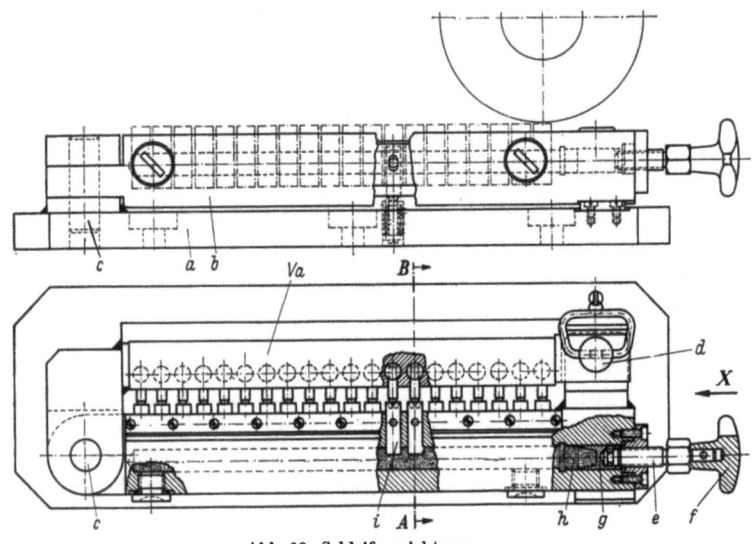

Abb. 69. Schleifvorrichtung

größeren Serien gefertigt. Die Aufschlagstelle ist einsatzgehärtet und wird geschliffen. Dabei soll das Maß 15_{n6} eingehalten werden.

Beispiele ausgeführter handbetätigter Hydrospanner   39

In Anbetracht der großen Stückzahl hat man sich entschlossen, je 20 Teile in einem Schleifvorgang zu bearbeiten. Um den Gesamtschleifweg möglichst kurz zu halten, werden die Teile mit ganz geringem Spielraum (1 mm) hintereinander angeordnet. Die Höhe der Teile an der geeignetsten Spannstelle wechselt innerhalb der Freitoleranz. Beim hydraulischen Spannen, wie es hier gezeigt wird, können alle 20 Teile durch eine Druckschraube mit wenigen Umdrehungen zuverlässig, d. h. für die Schleifoperation genügend sicher, gespannt werden.

Es wäre naheliegend, die Vorrichtung mit einer Spannklappe nach dem Prinzip „selbsttätiger Höhenausgleich" auszuführen. Da jedoch bei diesem Prinzip die Spannklappe mehr oder weniger schräg zum Widerlager stehen kann, ist keine Gewähr geboten, daß die Spannkolben mit ihrer Spannfläche satt auf dem Werkstück liegen. Bei runden Körpern ist das weniger von Bedeutung; dort wird immer nur eine Linienanlage möglich sein. Bei den vorliegenden Werkstücken müssen die Spannkolben, die hier mit einer Kreisringfläche spannen, senkrecht auf das Werkstück geführt werden. Nur so ist ein günstiges Spannen zu erzielen. Die Gewähr dafür wird nur bei fester Lage der Klappe durch den Schwenkbolzen und Haltebolzen geboten. Die Vorrichtung hat die Bauart „Schwenkklappe mit Druckerzeugungsschraube".

Mit der kräftigen Grundplatte a ist das Widerlager W verschweißt. Die Schwenkklappe b dreht sich um den Bolzen c und wird durch den Steckbolzen d verriegelt. Der hydraulische Teil ist in der Schwenkklappe untergebracht. Er besteht aus der Druckschraube e mit dem Kreuzgriff f, dem Druckkolben g, der plastischen Masse h und den 20 Spannkolben i.

Der Druckschraubenkopf ist mit Sechskant versehen, so daß zum Festziehen und Lösen ein gewöhnlicher Schlüssel angesetzt werden kann. Zum schnellen Entspannen oder Vorspannen besitzt die Druckschraube noch den Kreuzgriff. Druckschraube und Druckkolben sind durch Rillenzapfen und Stift drehbar miteinander verbunden. Dadurch wird auch beim Rückwärtsdrehen der Schraube der Kolben mitgenommen. Der hierbei entstehende Unterdruck im hydraulischen System bewirkt das Zurückgehen der Spannkolben i ohne besondere Rückholeinrichtung. Sie sind gegen zu weites Zurückgehen oder Herausfallen durch verdeckt angebrachte Gewindestifte k gesichert.

Abb. 70. Schnitt (vergrößert) zu Abb. 69

Abb. 71. Ansicht (vergrößert) zu Abb. 69

Abb. 68 ··· 71. Schleifvorrichtung für Winkelstück
a Grundplatte; b Schwenkklappe; c Schwenkbolzen; d Steckbolzen; e Druckschraube; f Sterngriff; g Druckkolben; h Druckmittel; i Spannkolben; k Gewindestift; l Fixierstift; m Federbolzen; n Feder; W Widerlager; Va Vorrichtungsauflage; Wa Werkstückauflage

Um beim Schleifen das Maß 15_{n6} zuverlässig erreichen zu können, müssen die Teile mit ihrer Auflage Wa sicher auf die Vorrichtungsauflage Va gebracht und dort festgehalten werden. Es wäre zwar möglich, die Teile hintereinander lose aufzulegen, bei geschlossener Schwenkklappe die Druckschraube leicht anzuziehen, die Werkstücke mit dem Holz- oder Leichtmetallhammer auf die Auflage zu klopfen und dann die Druckschraube festzuziehen. Dieser Vorgang erfordert jedoch erhöhte Aufmerksamkeit und höheren Zeitaufwand. Dabei besteht immer die Gefahr, daß bei ungeschickter Handhabung die Teile, die schon aufgelegt waren, wieder herunterfallen.

Aus diesem Grund wurde bei der Konstruktion dem Einlegevorgang ganz besondere Aufmerksamkeit gewidmet. Das Werkstück wird mit seiner Bohrung 8^{H7} auf einen am Ende angespitzten Haltestift l gesteckt, der mit einem verdeckt liegenden Bolzen m durch Feder n nach unten gezogen wird. So wird erreicht, daß die Werkstücke mit Sicherheit auf der Auflagefläche liegen und beim weiteren Spannvorgang nicht verschoben werden können.

52. Fräsvorrichtung für Lager (Abb. 72···75). Der Rohkörper des Werkstücks ist aus Grobblech nach einer Schablone autogen herausgeschnitten. Flächen mit Bearbeitungszeichen haben 3 mm Schnittzugabe; alle anderen Flächen bleiben roh. Die beiden Auflageflächen A (Abb. 72) und die Aufnahme $75\pm 0{,}1$ sollen in einem Durchgang auf einer doppelspindligen Fräs-

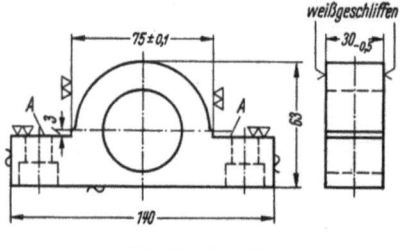

Abb. 72. Werkstück

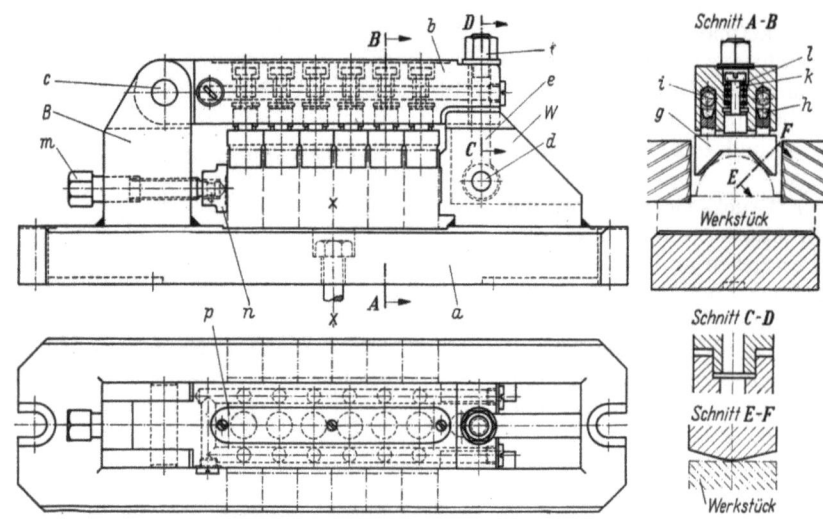

Abb. 73. Fräsvorrichtung

Abb. 72···75. Fräsvorrichtung für Lager (vgl. Abb. 45)
a Grundkörper; b Schwenkteil; c Schwenkbolzen; d Gelenkbolzen; e Augenschraube; f Bundmutter; g Spannprisma; h Spannkolben; i plastische Masse; k Federbolzen; l Rückholfeder; m Spannschraube; n Druckteller; p Deckblech; W Widerlager; B Spannbock; X-X gefährlicher Querschnitt

Abb. 74. Schwenkteilführung (Schnitt C–D)

Abb. 75. Ballige Auflage des Spannprismas (Schnitt E–F)

maschine fertig bearbeitet werden. Mit der Aufnahme wird das Werkstück in den nachfolgenden Bohrvorrichtungen festgelegt. Die Aufnahme soll auch die Mittigkeit der Lagerbohrung sichern. Aus diesem Grund muß sie nach der Außenform ausgerichtet werden. Das geschieht im vorliegenden Falle für jedes Werkstück gesondert durch je ein Prismenstück, mit dem nicht nur das Bestimmen, sondern auch das Spannen vorgenommen wird. Aufgelegt wird je Monat eine kleine Serie von 60 Stück. In einem Durchlauf werden 6 Stück gefräst.

Die Vorrichtung ist mit Klappenspannung (Bauart: Selbsttätiger Höhenausgleich) ausgestattet. Es ist zu beachten, daß der Grundkörper a besonders kräftig auszuführen ist. Das Widerlager W muß den von der Spannschraube m ausgeübten Druck aufnehmen, ohne nachzugeben. Die Grundplatte ist in ihrem Querschnitt $(X-X)$ so starr zu halten, daß sie sich auch bei Überbeanspruchung der Druckspindel nicht aufbäumen kann. Um hier nicht überstark zu werden, kann im Querschnitt $(X-X)$ eine zusätzliche Befestigungsschraube mit Nutenstein vorgesehen werden. Das geht natürlich nur, wenn die Grundplatte dick genug ist, um den Schraubenkopf versenken zu können.

Es wurde schon wiederholt darauf hingewiesen, wie wichtig es für das gute Arbeiten der Vorrichtung ist, das Schwenkteil (die Klappe) so kräftig zu machen, daß es sich weder biegen noch verwinden kann. Damit das Bestimmen der Werkstücke zuverlässig die verlangte Lage ergibt, muß die Klappe sowohl in der Gabel des Spannbockes B als auch in der Nut des Widerlagers W (Abb. 74) spielfrei gelagert sein.

Es wird bewußt darauf verzichtet, die mittleren Führungsbolzen der Prismen als Spannbolzen auszubilden. Das könnte bei den weit ausladenden Prismenkörpern zu einseitigen Beanspruchungen führen. Es ist hier zweckmäßig, die Prismen durch den angedrehten Bolzen nur zu mitten und das Spannen durch besondere Spannkolben vorzunehmen. Sie liegen frei auf den Prismenrücken, können also durch etwaige seitliche Beanspruchungen der Prismen nicht in Mitleidenschaft gezogen werden. Auch die Fertigung wird wesentlich einfacher, wenn Prismen und Spannorgane getrennt behandelt werden können. Schwierige Paßarbeiten entfallen.

Der Spannvorgang wickelt sich folgendermaßen ab: Die Werkstücke werden auf der gesäuberten Grundfläche nach der Außenform der Platte behelfsmäßig ausgerichtet. Die Spannklappe wird mit den Prismen auf die Werkstücke gesenkt und nur soviel gespannt, wie nötig ist, um die Werkstücke in der Längsrichtung einzustellen. Nun wird die Druckspindel m kräftig angezogen und im Anschluß die Spannklappe nachgezogen.

Die Prismen liegen ohne Spiel dicht nebeneinander. Bei dieser Anordnung richten sie sich ohne Anwendung besonderer Mittel gegeneinander aus. Da die Werkstücke autogen geschnitten sind, muß mit geringen Unregelmäßigkeiten der Außenform gerechnet werden. Die Prismenflächen für die Schrägauflage auf der Werkstückrundung sind deshalb ballig ausgeführt (Abb. 75). Durch die Rückholfedern an den Führungsbolzen der Prismen wird der Zusammenhang des hydraulischen Systems gewährleistet.

53. Schleifvorrichtung für Gleitstein (Abb. 76 u. 77). Von dem Werkstück wird verlangt, daß die Flächen a und b rechtwinklig und parallel zueinander liegen. Die je Monat anfallende Serie ist nicht so groß, daß sich eine selbsttätige Einrichtung in vertretbarer Zeit abschreiben läßt. Der Arbeitsplan unterteilt deshalb den Schleifvorgang. Die Seiten a_1 und a_2 oder b_1 und b_2 werden zuerst auf der Magnetplatte auf Umschlag geschliffen. Das gleiche Verfahren läßt sich im Abschluß nicht für die beiden anderen Flächen durchführen, da keine Gewähr gegeben ist, daß die rohen Flächen rechtwinklig zu den schon geschliffenen liegen. Deshalb werden die Werkstücke an den zuerst geschliffenen Flächen in der Vorrichtung gespannt und die beiden restlichen Flächen genau senkrecht dazu in 2 Aufspannungen auf Maß geschliffen.

Wenn auch größere Stückzahlen auf der Magnetplatte auf gleiche Höhe geschliffen werden, so sind doch geringe Höhenunterschiede von Satz zu Satz unvermeidbar. Es ist auch nicht zu erwarten, daß die einzelnen Sätze bei der Ablage beisammen bleiben. Sollen aber Teile aus verschiedenen Sätzen, mit Höhenunterschieden also, in der Vorrichtung aufgenommen werden, dann lassen sich diese nicht mehr mit einem starren Spannelement gleichzeitig spannen. Auch elastische Zwischenlagen bewähren sich hier nicht immer; sie werden meistens durch „Überziehen" nach und nach zerquetscht.

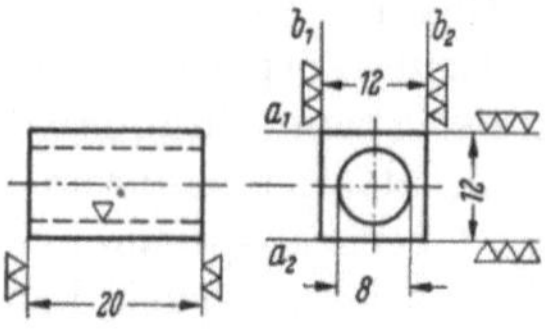

Bei der Vorrichtung sind Kolbenträger und Widerlager starr verbunden, denn auf die Ausführung mit Klappe kann verzichtet werden, weil die Spannwege ganz kurz sind. Die Vorrichtung muß allerdings für den Werkstückwechsel und zur Säuberung von Schleifschlamm gut zugänglich sein.

In einer Aufspannung werden 8 Werkstücke W gegen die senkrechte Wand des Widerlagers e gespannt. Dabei wird die zu schleifende Fläche von selbst rechtwinklig zur Anlagewand A ausgerichtet. Mit der in dieser Lage geschliffenen 3. Fläche kann das Werkstück dann zum Schleifen der 4. Fläche auf die Magnetplatte gelegt werden. Ebenso ist es aber auch möglich, die 4. Fläche in der Vorrichtung zu schleifen. Das ist angebracht, wenn die Stückzahlen zu gering sind, um einen nochmaligen Wechsel zwischen Vorrichtung und Magnetplatte zu rechtfertigen.

Man kann auch alle 4 Seiten in 4 getrennten Vorgängen in der Vorrichtung schleifen. Dann wird jeweils an die zuletzt geschliffene Seite angeschlagen. Allerdings dauert dann der ganze Schleifvorgang länger; es können bei jedem Durchgang nur 8 Stück gespannt werden, während auf der Magnetplatte bei einfachem Auflegen wesentlich größere Sätze gleichzeitig geschliffen werden können.

Abb. 76. Werkstück

Schnitt A-D

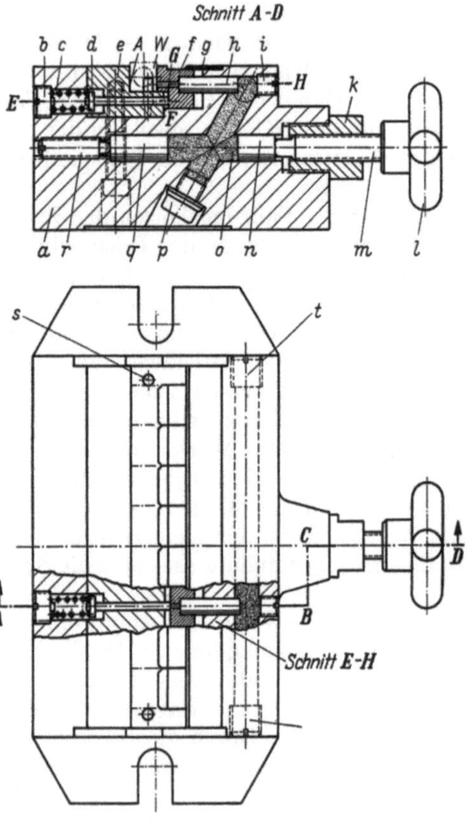

Abb. 77. Schleifvorrichtung

Abb. 76 und 77. Schleifvorrichtung für Gleitstein
a Grundkörper; b Federteller; c Druckfeder; d Druckstempel; e Widerlager; f Spannbacke; g Abdeckblech; h Spannkolben; i Verschlußschraube; k Mutter; l Sterngriff; m Druckschraube; n Druckkolben; o Druckmittel; p Füllschraube; q Nachstellkolben; r Nachstellschraube; s Fixierstift; t Verschlußschraube; A Anlagewand; W Werkstück

Bei dieser Vorrichtung läßt man die Spannkolben mit Rücksicht auf die Werkstückgestalt nicht unmittelbar auf das Werkstück wirken. Die Gefahr, die dünnwandigen Werkstücke zu verformen, ist groß. Aus diesem Grund ist jeder Spannkolben h mit einer Spannbacke f ausgerüstet, die die Kraft fast auf die ganze Werkstückfläche verteilt. Die Spannbacken und das Widerlager sind an ihren Werkstückberührungsflächen gehärtet.

Die 8 Spannkolben erhalten ihre Spannkraft hydraulisch durch eine von Hand betriebene Gewindespindel, die Druckschraube m. Die Rückholeinrichtung, bestehend aus je einem Druckbolzen d mit Druckfeder c für jeden Spannkolben, wirkt auf die Spannbacken; sie ist vollständig geschützt eingebaut. Der veränderliche Raum zwischen Spannbacken und Vorrichtungskörper ist von einem durchgehenden Blech g verdeckt. Der Raum für die Werkstückaufnahme ist zwecks leichter Säuberung beim Werkstückwechsel möglichst glatt ausgeführt. Der Werkstücksatz wird an seinen beiden Enden durch je einen Zylinderstift s gehalten. Die Nachstellschraube r dient zum Ausgleichen bei etwaiger Änderung des Volumens der plastischen Masse (vgl. Abschn. 49).

54. Bohrvorrichtung für Doppelhebel. (Abb. 78 ··· 81). Die Vorrichtung ist mit einem halbhydraulischen Spannsystem ausgerüstet. Es werden 2 Spannmittelarten angewendet: Ausrichten und waagerechtes Spannen durch Spannprisma und senkrechtes Spannen mit einer hydraulischen Spanneinrichtung. Es wäre zwar möglich, die beiden Spannmittel gemeinsam ganzhydraulisch zu betätigen. Das würde jedoch, gemessen an der kleinen Stückzahl, die monatlich anfällt, einen Aufwand erfordern, der aus wirtschaftlichen Erwägungen nicht vertretbar ist.

Nach Abb. 78 handelt es sich hier um einen Hebel, bei dem an die Güte der Bohrungen und an ihre Abstände untereinander hohe Anforderungen gestellt werden. Da das Verhältnis Augenhöhe zu Bohrungsdurchmesser bei der großen Bohrung fast 2, bei den kleinen über 3 beträgt, hat man sich, um das Fluchten der Bohrung zu sichern, für doppelte Werkzeugführung entschieden. Es wird mit einfacher, oberer Führung mit dem Spiralbohrer gebohrt und mit doppelt geführten Werkzeugen gesenkt und gerieben. Die große Bohrung ist vorgegossen. Wenn man darauf verzichtet, diese Bohrung mit einem Sonderwerkzeug vorzustechen, treten beim Vorbohren mit dem Spiralbohrer erhebliche, seitlich schiebende Kräfte auf. Schon aus diesem Grunde, aber hauptsächlich, um eine satte Auflage aller 3 Augen beim gesamten Bohrvorgang zu sichern, kann man sich hier nicht mit dem Längsspannen zwischen den Prismen allein begnügen. Daß die Augen nicht in einer Längsflucht liegen, vermindert noch wesentlich die Spannsicherheit. Wenn alles gut vorbereitet ist, wenn alle 3 Augen aufliegen, dann könnte das Werkstück trotzdem noch beim Bohren des Mittelloches hochgezogen werden. Es ist deshalb besser, zusätzlich die Hebelaugen axial gegen die gehärteten Auflagen d zu spannen. Das geschieht durch 3 hydraulisch betätigte, um Bolzen n zu bewegende Klemmhebel l (Abb. 80). Der mittlere Klemmhebel greift gabelförmig um die Einsteckbohrbuchse und drückt auf 2 Stellen des darunterliegenden Werkstückauges. Die seitlichen Klemmhebel drücken dicht neben den Augen auf das Werkstück. Gabelförmiges Spannen ist hier nicht möglich, weil die Augenflächen zu klein sind.

Das nichtgekoppelte Spannen in 2 zueinander senkrechten Richtungen ist in einer festgelegten Reihenfolge durchzuführen: Das Werkstück wird zwischen die Prismen auf die gesäuberten Werkstückauflagen gelegt und das Spannprisma c mit der Schraube p/g (Abb. 79) leicht angezogen, bis der Hebel in den Prismen b/c anliegt. Dann werden die Klemmhebel l durch Betätigen des Spannhebels q (Abb. 79) hydraulisch leicht heruntergedrückt, bis die drei Augen des Werkstückes satt aufliegen. Darauf wird zuerst das Prisma und dann der Spannhebel kräftig nachgezogen.

Um die Vorrichtung mit Rücksicht auf die langen Werkzeugführungen nicht allzu hoch bauen zu müssen, wird sie so an den Bohrmaschinentisch angeflanscht, daß die Führungsschäfte der Werkzeuge vor dem Tisch freien Durchgang haben (Abb. 80). Das hydraulische Spannsystem ist recht einfach (Abb. 81). Die Klemmhebel verdoppeln die eingeleiteten hydraulischen Kräfte. Dadurch wird der Schwenkzapfen n mit der dreifachen Kraft belastet (vgl. C in Abb. 42). Wenn nun der Vorrichtungskörper zu schwach bemessen wird, besteht die Gefahr, daß sich die Bohrplatte aufbäumt. Obere und untere Führungen fluchten dann nicht mehr. Der Vorrichtungskörper muß deshalb besonders gut versteift werden.

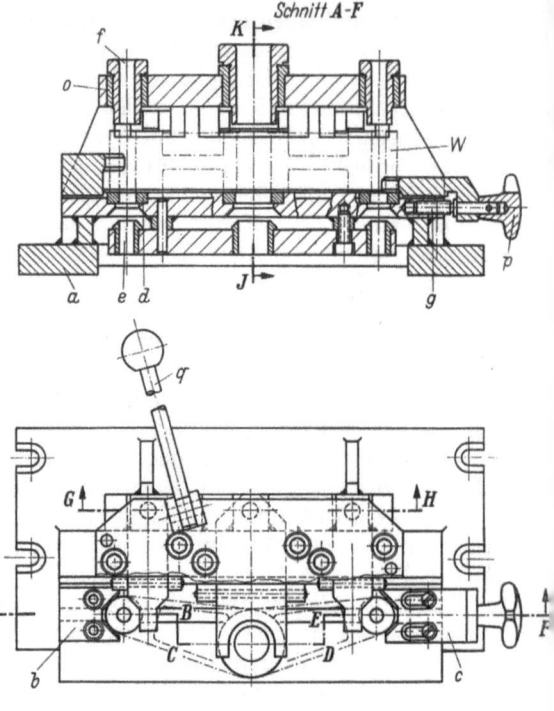

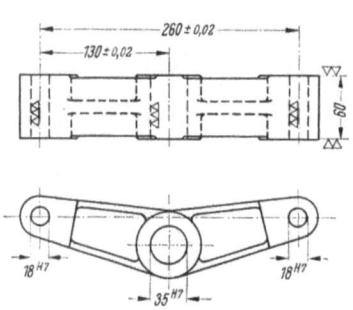

Abb. 78. Werkstück

Abb. 79. Bohrvorrichtung

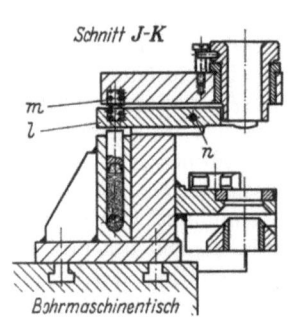

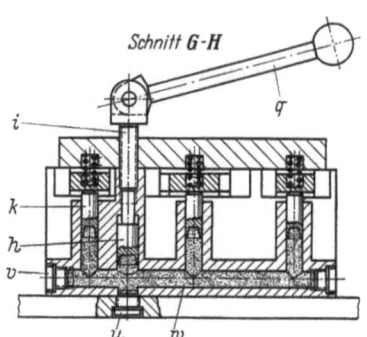

Abb. 80. Aufbau auf die Bohrmaschine

Abb. 81. Hydraulisches System zu Abb. 79

Abb. 78···81. Bohrvorrichtung für Doppelhebel (vgl. Abb. 43, 44)

a Vorrichtungskörper; b festes Prisma; c Spannprisma; d gehärtete Werkstückauflage; e untere Werkzeugführung; f obere Werkzeugführung; g Spannspindel; h Druckkolben; i Druckspindel; k Spannkolben; l Klemmhebel; m Rückholfeder; n Schwenkbolzen; p Sterngriff; q Spannhebel; u Gewindestopfen; v Einfüllschraube; w Druckmittel; W Werkstück

55. Fräsvorrichtung für Nutenglocke (Abb. 82 u. 83). Das Werkstück aus Grauguß erhält eine durchgehende Nut von 82 ^{H7} Breite und 20 ± 0,1 Tiefe. Die Nut soll mittig zur Bohrung 100 $\varnothing^{H7}$ und im rechten Winkel zur Keilnut liegen. Gemittet wird in der Bohrung 100 $\varnothing^{H7}$ und festgelegt in der Keilnut. Obwohl die zu bearbeitende Nut vorgegossen ist, wirken durch den Scheibenfräsersatz noch erhebliche

Zerspanungskräfte auf das Werkstück. Sie machen sich beim Ein- und Auslauf des Werkzeugs an dem weit ausladenden Glockenrand ganz besonders ungünstig bemerkbar. Unter diesen Gegebenheiten ist es besser, wenn einem Dehndorn die Werkstückspannung nicht allein überlassen wird, sondern noch zusätzlich ein paar kräftige Spanneisen vorgesehen werden, die das Werkstück auf seine Auflage drücken.

Die gekröpften Spanneisen müssen beim Werkstückwechsel entfernt werden. Sie sind von der Mutterauflage bis zur Werkstückspannstelle geschlitzt; es genügt deshalb, wenn die Mutter nur ein paar Gewindegänge gelöst wird. Das Spannen und Entspannen der 2 Muttern ist nicht zeitraubend. Diese einfache Spannweise genügt auch bei kleinen Serien, die monatlich nur einmal anfallen. Die einzelnen Handgriffe des Spannvorgangs sind in zweckmäßiger Reihenfolge durchzuführen: Entspänen der Vorrichtung (besonders Nabenauflage),

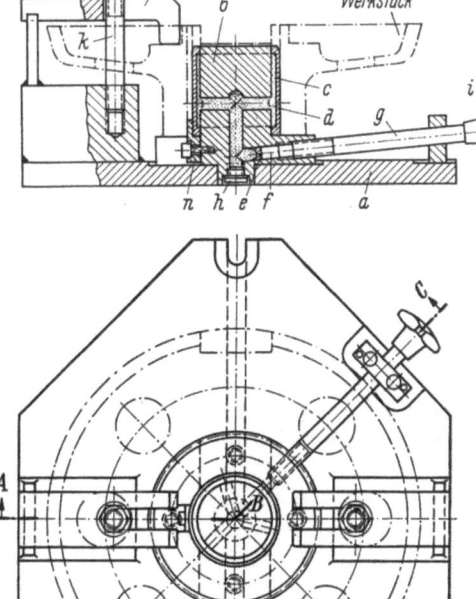

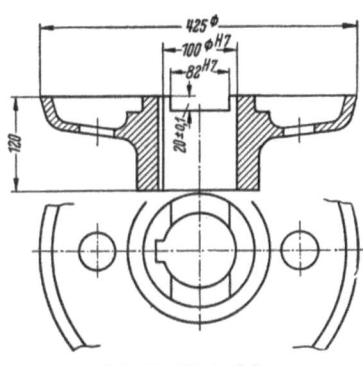

Abb. 82. Werkstück   Abb. 83. Fräsvorrichtung
Abb. 82 und 83. Fräsvorrichtung für Nutenglocke
a Vorrichtungsgrundkörper; *b* Dehndorngrundkörper; *c* Dehnmantel; *d* Druckmittel Öl; *e* Topfmanschette mit geschlossenem Boden; *f* Druckkolben; *g* Druckschraube; *h* Füllschraube; *i* Sterngriff; *k* Stehbolzen; *l* Bundschraube; *m* Spanneisen; *n* Fixierkeil; *p* Fräsereinstellung

Aufbringen des Werkstücks, leichtes Anziehen der Druckschraube *g* am Dehndorn mittels des Sterngriffs *i*, Einlegen und leicht Anziehen der Spanneisen *m*, bis die Werkstücknabe satt auf dem Bund des Dehndorngrundkörpers *b* liegt; dann erst den Dehndorn kräftig nachspannen und nachher die Spanneisen ebenfalls. Wird in dieser Reihenfolge vorgegangen, dann genügen das Einmitten und Spannen den Anforderungen, die beim Werkzeugdurchgang zu erwarten sind.

In jedem Fall sind die Spanneisen erst dann festzuziehen, wenn das Werkstück durch den Dehndorn zuverlässig zentriert ist. Wird das versäumt, dann wirkt der Dehndorn einseitig. Das sind aber Kenntnisse, die jedem Maschinenarbeiter geläufig sein müssen. Der ganze Spannvorgang läßt sich nach einiger Eingewöhnung so schnell durchführen, daß die reine Spannzeit nur einen geringen Bruchteil der

Maschinenlaufzeit ausmacht. Mit einfachen Mitteln läßt sich hier die Spannzeit nicht weiter verkürzen.

Der Fräsersatz wird mit Hilfe der Fräsereinstellung p mittig über den Dehndorn gestellt. Ob es möglich ist, das Paßmaß H 7 in einem Durchgang zu erreichen, hängt von der Gußzugabe ab. Sollte vorgezogen oder notwendig werden, die Nut in 2 Durchgängen (Schruppen und Schlichten) zu fertigen, dann ist noch eine Fräsereinstellung mit den entsprechenden Abmessungen für das Vorfräsen vorzusehen. Es wird dann zum Einstellen für das Vor- und Fertigfräsen nur ein Endmaß oder Einstellklötzchen benötigt. Das Werkstück ist jedoch, da ja satzweise gefräst wird, für jeden Vorgang gesondert (also zweimal) in der Vorrichtung aufzunehmen.

56. Hydraulische Einbauelemente. An vielen Beispielen wurde gezeigt, daß bei kleinen Werkstücken das unmittelbare Mehrstück- und Mehrstellenspannen auf hydraulischem Wege sicher und einfach durchzuführen ist, wenn als Druckübertragungsmittel plastische Masse verwendet wird. Sie verdient hier den Vorzug, weil sie es ermöglicht, kleine und kleinste Kolben ohne besondere Dichtmittel in entsprechend kleinen Abständen nebeneinander zu setzen. Theoretisch bestehen hier nach unten keine Grenzen; in der Praxis lassen sich beispielsweise bei 6 mm Kolbendurchmesser die Werkstücke noch in dem geringen Abstand von 9 mm mit den Kolben *unmittelbar* spannen. Der größte Anwendungsbereich für die plastischen Druckmittel liegt deshalb bei den Kleinteilevorrichtungen, weil diese auch infolge ihrer kurzen Bauart dem Idealfall der kurzen Leitungen am nächsten kommen. Die Spannkolbendurchmesser liegen im allgemeinen zwischen 5 $\cdots$ 30 mm.

Bei größeren Vorrichtungen mit langen Kanälen wird zweckmäßig Mineralöl verwendet. Die Frage der Unterbringung der hydraulischen Elemente ist hier nicht vorrangig. Wichtig ist nur, daß sie auch dann sicher arbeiten, wenn der Druck mit einem Mittel übertragen wird, das auf lange und verzweigte Wege verteilt ist. Für große Werkstückspanner hat sich sowohl die handbetätigte als auch die kraftbetätigte Ölhydraulik bewährt. Sind nur wenige Spannstellen (6 $\cdots$ 8) mit kurzen Spannhüben zu betätigen, und geht es beim Spannvorgang nicht um Sekundenbruchteile, dann wird es in den meisten Fällen genügen, den Druck durch handbetätigte Schraubpumpen zu erzeugen.

Es ist heute nicht mehr wirtschaftlich, die hydraulischen Einbauelemente im eigenen Werk zu fertigen. Sonderfirmen[1], mit langer Erfahrung auf diesem Gebiet, liefern heute ausgereifte Erzeugnisse mehrerer Baugrößen in Normausführung. Obwohl diese Baukasteneinheiten sehr einfach zu behandeln und zu vereinigen sind, ist es immer gut, sich bei größeren Vorhaben von Sonderfirmen beraten zu lassen.

Druckzylinder können heute für Spannkräfte von 1000 $\cdots$ 6000 kg in mehreren Normausführungen vom Handel bezogen werden. Die Druckerzeuger (Schraubpumpen) stehen in 2 Ausführungen, als einfachwirkende und als solche mit selbsttätiger Umschaltung von Niederdruck auf Hochdruck zur Verfügung. Die letzten erlauben ein besonders schnelles, körperkraftsparendes Mehrstellenspannen. Da mit diesen Schraubpumpen Drücke von 250 $\cdots$ 400 atü erzeugt werden können, darf die Weiterleitung zu den Spannstellen nur über Hochdruckleitungen (Ermeto-Rohre) erfolgen. Sollen ausnahmsweise auch bewegliche Verbindungen eingebaut werden, so sind Höchstdruckschläuche und Ermeto-Armaturen vorzusehen. Das System ist dann aber mit Drücken über 250 atü möglichst nicht zu belasten.

Die Einbauelemente beanspruchen wenig Platz. Sie können entweder mittels Halteböckchen unmittelbar auf dem Maschinentisch befestigt oder für dauernd in eine Vorrichtung eingebaut werden. Der erste Fall ist gegeben, wenn größere

---

[1] Als Beispiel genannt: Maschinenfabrik Hilma GmbH, Hilschenbach/Westf.

Serien in *langen* Abständen wiederkehren, d. h. dann, wenn die Maschine über einen längeren Zeitabschnitt mit der gleichen Arbeit ausgelastet ist. Sind die Serien klein und kehren sie in kurzen Zeitabschnitten immer wieder, dann wird man besser eine Sondervorrichtung mit den hydraulischen Einbauelementen für dauernd bestücken; der Wechsel von und zur Maschine wird wesentlich kürzer, als wenn jedesmal die hydraulischen Einzelteile zusammengebaut werden müßten. Es ist immer anzustreben, den Maschinenstillstand, der durch das Auf- und Abbauen von Vorrichtungen, Werkstücken und Werkzeugen verursacht wird, auf ein Mindestmaß herabzusetzen.

Die handbetätigte, ölhydraulische Einrichtung eines Werkstückspanners besteht aus der Schraubpumpe, ein oder mehreren Druckzylindern und der Hochdruckleitung mit den Armaturen. Werden ganz besonders kurze, schlagartig wirkende Spannwirkungen angestrebt, dann sind statt der Schraubpumpe pneumatisch-hydraulische Druckübersetzer vorzusehen. Der Öldruck in den Druckzylindern wird dann über den Druckübersetzer durch Preßluft mit dem üblichen Betriebsdruck von 6 atü erzeugt. Die Spann- und Entspannvorgänge sind entweder durch hand- oder durch fußbetätigte Ventile zu steuern. Der Druckübersetzer kann auch außerhalb der Vorrichtung oder der Maschine angebracht werden. Die Verbindung zum Hydrauliksystem erfolgt dann über Höchstdruckschläuche.

Die hydraulische Einrichtung bleibt in jedem Fall ein in sich geschlossenes System. Die Dichtungsprobleme sind hier gut gelöst. Es gibt praktisch kaum irgendwelche Leckölverluste, die die Betriebssicherheit in Frage stellen oder zum Druckabfall während des Einsatzes führen könnten. Geringe Verluste werden ohne Öffnen des Systems durch Nachstellen der Spannkolbenmutter ausgeglichen. Das ganze System steht ständig unter einem Vorspanndruck von rd. 2 atü, der durch einen an der Schraubpumpe angebrachten zusätzlichen Vorspannzylinder mit Vorspannkolben erzeugt wird. Der Vorspanndruck verhindert, daß bei Ölverlusten Luft in den Hydraulikraum eindringt. Er erfüllt auch den in Abschn. III C erwähnten Zweck, die Dichtmanschetten dauernd arbeitsfähig zu halten. Der Druck in dem Hydrauliksystem wird durch ein eingebautes Manometer unter Kontrolle gehalten. Wie schon gesagt, können in diesen Anlagen ganz erhebliche Drücke angewandt werden. Da der Druck durch die handbetätigte Schraubpumpe fast mühelos erzeugt wird, ist die Druckhöhe kaum nach „Gefühl" einzustellen. Eine Steigerung des Druckes über den höchsten Betriebsdruck von 400 atü kann zu Schäden innerhalb des Systems führen. Die Kontrolle durch ein Manometer ist daher unerläßlich. Die Druckhöhe wird außerdem noch durch einen auf der Antriebsspindel der Schraubpumpe angeordneten Stellring begrenzt.

In vielen Fällen muß beim Spannen eines größeren Werkstücks der Spanndruck an den einzelnen Spannstellen abgestuft werden. Das trifft zu, wenn das Werkstück in einem Vorgang bestimmt und gespannt wird. Zum Bestimmen sind geringere Kräfte aufzuwenden als zum Spannen. Es kann aber auch notwendig sein, ein sperriges Werkstück an einzelnen Stellen kräftig zu spannen, an anderen aber nur mäßig zu stützen. Die benötigte Kraft wird dann durch verschieden große Druckzylinder erreicht. Um aber auch die Kraftwirkung in der richtigen Reihenfolge selbsttätig zu sichern, wird in das System ein Druckfolgeventil eingebaut.

Die beschriebenen Einbauelemente sind nach Baukastenart in verschiedene Größen aufgeteilt. Sie sind sehr handlich; es lassen sich damit ohne besondere Schwierigkeiten viele Spannmöglichkeiten verwirklichen. Läuft einmal eine Fertigung aus, so sind die hydraulischen Elemente an einer anderen Vorrichtung wieder verwendbar.

In diesem Zusammenhang sind auch die ölhydraulisch gesteuerten Unter- und

Oberzugschraubstöcke erwähnenswert. Durch Verbindung mit Spannbacken verschiedenster Art steht hier ein vielverwendbarer Universalspanner zur Verfügung.

57. Ölhydraulisch betätigte Mehrstellen-Schnellspannvorrichtung (Abb. 84 ··· 86). Diese Spanneinrichtung wurde für die Aufnahme von Räderkästen aus Silumin entwickelt. Die Aufspannung muß dem Angriff eines Fräskopfes von 450 mm ⌀ beim Schrupp- und Schlichtvorgang gewachsen sein. Bei dem Arbeitsvorgang wird die Oberseite parallel zur Flanschseite gefräst. Die Werkstücke werden in größeren Serien gefertigt.

Bei der Entwicklung der Vorrichtung war zu berücksichtigen, daß das Werkstück ziemlich „weich" ist. Es wird deshalb mindestens an 6 Stellen am Flansch gespannt. Da die

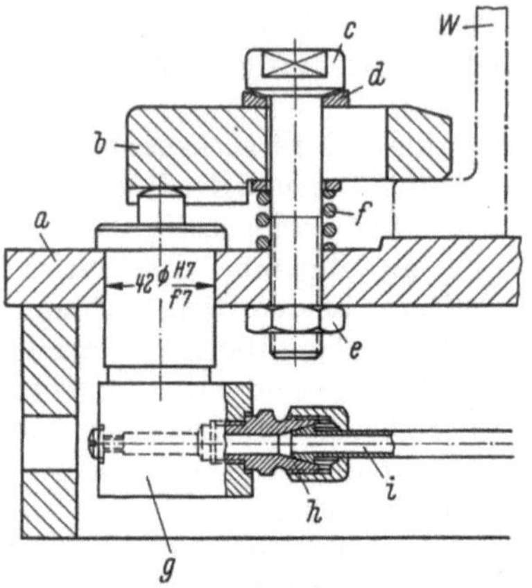

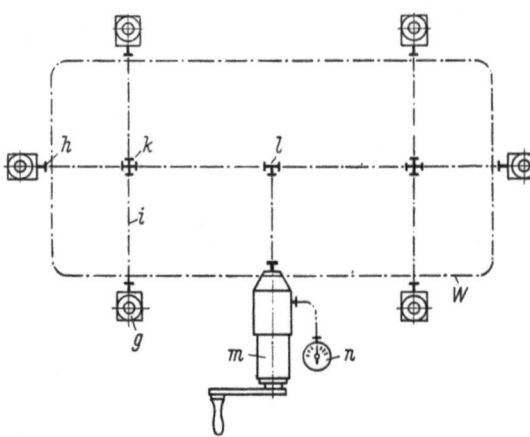

Abb. 84. Hydraulisch-mechanische Spanneinrichtung
a Vorrichtungsgrundkörper; *b* Spanneisen; *c* Zylinderkopfschraube mit Kugelsitz; *d* Kugelpfanne; *e* Gegenmutter; *f* Schraubenfeder; *g* Hilma-Druckzylinder; *h* Ermeto-Verschraubung; *i* Ermeto-Hochdruckrohr; *W* Werkstück

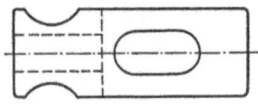

Abb. 85. Spanneisen

Abb. 84···86.
Ölhydraulische Schnellspannvorrichtung

Abb. 86. Schema des Mehrstellen-Schnellspannsystems
g Hilma-Druckzylinder; *h-k-l* Ermeto-Hochdruckarmaturen; *i* Ermeto-Hochdruckrohr; *m* Hilma-Schraubpumpe; *n* Manometer

Laufzeit nicht lang ist, muß auch die Spannzeit so kurz wie möglich sein. Eine ganzautomatische Spanneinrichtung amortisiert sich nicht; die Zeiteinsparung ist, gemessen an dem hohen Aufwand, zu gering. Eine Anordnung von hydraulisch gesteuerten Spanneisen, die von einer Stelle betätigt werden, bringt in diesem Fall den gewünschten Erfolg (Abb. 86). Um das Werkstück ein- und ausbringen zu können, müssen sich die Spanneisen zurückziehen lassen. Während das Vor- und Rückziehen der Spanneisen nur eine Zeit von wenigen Sekunden erfordert, würde das Spannen und Entspannen durch 6 Sechskantmuttern wesentlich mehr Zeit beanspruchen. Besonders hervorzuheben ist noch, daß an allen Stellen mit gleicher Kraft gespannt wird.

Vom eigenen Werk sind im gegebenen Fall nur die Vorrichtungsgrundplatte und die Spanneisen mit ihren Schrauben herzustellen. Das Hydrauliksystem läßt sich aus handelsüblichen Einbauelementen zusammensetzen.

Spannvorgang: Säubern der Werkstückauflagefläche, Auflegen des Werkstückes, Einschieben der Spanneisen und Betätigen der Schraubpumpe bis zum Stellringanschlag. Das Hebelverhältnis der Spanneisen ist 1 : 1. Die Spannkraft der einzelnen Druckzylinder — in diesem Beispiel 2500 kg bei 400 atü oder 1600 kg bei 250 atü — wird voll auf das Werkstück übertragen.

58. Hydraulische Dehndorne (Abb. 87 ··· 89) werden als Werkstück-, aber auch als Werkzeugaufnahme für verschiedenste Fertigungsverfahren eingesetzt. Sie nehmen das Werkstück oder das Werkzeug in einer Bohrung auf. Der zu bearbeitende umlaufende Werkstückaußenteil kann als Zylinder oder Kegel axial oder als Flansch radial zur Aufnahmebohrung liegen, er kann entweder zentrisch oder exzentrisch zur Bohrung laufen.

Die Dorne können entweder zwischen Körnerspitzen gelagert oder mit einem Kegel in der Maschinenspindel aufgenommen oder mit einem Flansch an der Planscheibe befestigt werden. Welche Anschlußart gewählt wird, hängt von der Werkstückform und Größe, von der Art der Fertigung, von der Fertigungsgüte, die erreicht werden soll, und von den Betriebsverhältnissen ab. Beispielsweise werden lange, zylindrische Teile, wenn sie hohe Rundlaufgenauigkeiten aufweisen sollen, bevorzugt zwischen Spitzen gedreht und geschliffen; Prüflinge aller Art werden ebenfalls gern zwischen Spitzen aufgenommen. Kurze Stücke, die einen Flanschansatz haben, und Teile, bei deren Fertigung schneller Werkstückwechsel gefordert wird, werden im allgemeinen auf fliegenden Dornen bearbeitet, die mit einem Aufnahmekegel in der Maschinenspindel sitzen. Schwere, kurze Werkstücke, bei denen überwiegend radiale Formen zu bearbeiten sind, werden ebenfalls fliegend gefertigt; die Dorne sind dann meist auf die Planscheibe der Werkzeugmaschine geflanscht.

Bei einer Feinbearbeitung, bei der ein Außenzylinderteil mit einer Bohrung genau fluchten muß, genügt nicht mehr ein Dorn mit unveränderlichem Außendurchmesser, besonders dann nicht, wenn die Toleranz der Aufnahmebohrung groß ist. Darüber hinaus muß bei einem unveränderlichen Zentrierdorn das Werkstück zur Mitnahme gegen einen festen Anschlag am Dorn gespannt werden. Läuft dabei die Werkstückstirnseite nicht mit der Bohrung, dann wird das Werkstück zur Bohrung schief aufgenommen oder gar der Dorn schief gedrückt. Der zu bearbeitende Außendurchmesser fluchtet nicht mehr mit der Bohrung. Wenn aber genaues Fluchten unerläßlich ist, sind *Dehndorne* zu verwenden. Das sind Dorne, deren Werkstückaufnahmeteil sich dem Istmaß der Werkstückbohrung kraftschlüssig anpaßt, ohne an Laufgenauigkeit zu verlieren.

Dabei muß auch unter gewöhnlichen Schnittbedingungen die Werkstückmitnahme nur durch die Dornmantelpressung ohne zusätzliche Hilfsmittel gesichert sein. Die Spannung, mit der der Kraftschluß erreicht wird, muß sich aber im gegebenen Fall so einstellen lassen, daß ein Prüfdorn dieser Art bei leichtem Anpreßdruck auf beste Laufgenauigkeit zentriert. Es sind verschiedene Ausführungsarten von Dehndornen im Handel. Neben den Dornen, die die Spreizwirkung ihres Mantels durch rein mechanische Mittel erzielen (STIEBER und SPIETH), haben sich die hydraulischen Dorne nach HOFER, von der Firma Mahr gefertigt, gut eingeführt. Da nicht auf alle Dehndornsysteme eingegangen werden kann, werden hier als Beispiele nur einige der handelsüblichen, hydraulischen Dehndorne der Firma Mahr im Bild gezeigt und besprochen.

Im Abschn. 41 wurde die Wirkungsweise der hydraulischen Dehndorne eingehend behandelt und in den Abb. 50 und 51 (S. 29) ihr Aufbau schematisch dargestellt. Die Abb. 87 zeigt einen Dehndorn, der zwischen den Spitzen aufgenommen wird. Er eignet sich besonders gut als Dreh-, Fräs-, Schleif- und Prüfdorn für Werkstücke allgemeiner Art. In der Zahnradfertigung wird er zur Werkstückaufnahme beim Rund- und Flankenschleifen mit gutem Erfolg eingesetzt.

Dehndorne mit Aufnahmekegel werden sowohl mit axial als auch mit radial zu betätigender Hydraulik gefertigt. Der Dorn ist zur fliegenden Werkstückaufnahme beim Drehen, Schleifen, Fräsen, beim Gewindefräsen und -schleifen, beim Zahnradstoßen, -fräsen und -schleifen und zur Rundlaufprüfung von Werkstücken gleich gut geeignet. Darüber hinaus wird er auch zur fliegenden Aufnahme von Werkzeugen (als Fräsdorn usw.) verwendet. Auch beim Einsatz von Dehndornen als Werkzeugaufnahme kann auf eine Mitnahme des Werkzeugs durch Keile oder ähnliche Hilfsmittel verzichtet werden. Bei dünnwandigen Werkzeugen ist es zweifellos von Bedeutung, wenn die Werkzeugbohrung glatt bleibt. Nicht allein, daß die Fertigung des Werkzeugs einfacher und Härterißbildung geringer ist, läßt sich auch ein solches Werkzeug schnell auf die gewünschte Schneidhöhe einstellen.

In Abb. 88 wird ein Dehndorn zwischen Spitzen im praktischen Einsatz auf einer Zahnradwälzprüfmaschine gezeigt. Der Dehn-

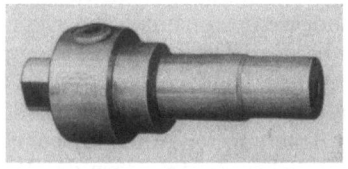

Abb. 87. Dehndorn zwischen Spitzen (Radialspannung)

Abb. 88. Dehndorn zwischen Spitzen in einer Zahnradwälzprüfmaschine

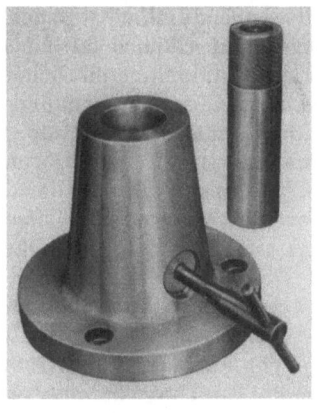

Abb. 89. Dehndorn mit Flansch (Axialspannung)

Abb. 90. Schrumpffutter mit Flansch

dorn nimmt mit seinem Mantel das Lehrrad auf. Es kann mühelos auf jede Höhe des Prüflings eingestellt werden. Das vereinfacht den Prüfvorgang wesentlich.

Abb. 89 zeigt einen Dehndorn mit Flansch und axial zu betätigender Hydraulik. Der Dorn wird in der Zahnradfertigung verwendet.

Dehndorne spannen und mitten nicht nur kreisrunde Querschnitte, sondern auch Mehrkantprofile (sog. K-Profile) und Innengewinde.

59. Hydraulische Futter (Abb. 90) sind unter der Bezeichnung Schrumpffutter bekannt. Im Abschn. 41 ist ihre Wirkungsweise beschrieben. Die Schrumpffutter zeichnen sich, wie die Dehndorne, durch hohe Rundlaufgenauigkeit und gute Spanneigenschaften aus. Sie mitten das Werkstück oder auch ein Werkzeug nicht nur an einem niedrigen Zentrieransatz, sondern auf dem ganzen Werkstückaußenmantel oder auf dem ganzen (zylindrischen) Werkzeugschaft. Eine besondere Eignung haben sie in Verbindung mit Meßrollen zur Aufnahme von Verzahnungen gezeigt. Die Rollen sind genau kalibriert und in ihrem Durchmesser so bemessen, daß sie im Teilkreis bzw. in unmittelbarer Nähe desselben, in der Zahnlücke anliegen. Ein Futter ist in den meisten Fällen mit 6 Rollen bestückt. Sie bewähren sich besonders gut beim Fertigschleifen von Zahnradbohrungen, die mit dem Teilkreis genau laufen sollen. Bei gut durchgebildeten und gut gefertigten Schrumpffuttern dieser Art liegen die Rundlauffehler bei $2 \cdots 5\ \mu m$.

Ein weiterer, wesentlicher Vorteil der Schrumpffutter ist, daß sie am ganzen Außenmantel des Werkstücks anliegen. Obwohl hier ein hohes Spannvermögen erzielt wird, bleibt der Flächendruck gering. Er kann auch durch mechanische Anschläge (Stellring, Zapfenschraube u. ä.) in einer bestimmten Höhe begrenzt werden. Das heißt: Mit dem gleichen Futter können hohe oder niedrige Anpreßdrücke ausgeübt werden. Nur so ist es möglich, neben massiven Werkstücken, die zum Schruppen kräftig gespannt werden müssen, auch wandschwache „weiche" Werkstücke zu spannen, ohne sie zu verformen.

60. Hydraulische Stirnseitenmitnehmer sind eine Sonderanwendung des hydraulischen Spannsystems zum Spannen von Werkstücken zwischen Spitzen, z. B. für Drehmaschinen und Fräsmaschinen. Sie treten an die Stelle von Drehherz und Mitnehmerscheibe und von anderen Hilfsmitteln, die das Werkstück nur von außen spannen können. Der „Kosta-Stirnseitenmitnehmer" (s. Abschn. VI 3) hat eine federbelastete Zentrierspitze, die zusammen mit der Reitstockspitze das Werkstück zentriert und trägt. Außerdem sind konzentrisch zur Spitze in einem Kreis gelagert hydraulisch belastete Bolzen vorhanden, die ebenfalls axial beweglich sind und sich beim Spannen unter dem hydraulischen Druck mit scharfen Schneiden in die Stirnseite des Werkstückes eindrücken und es z. B. zum Drehen mitnehmen. Die Reitstockspitze muß axial sowohl die Kraft der federbelasteten Zentrierspitze als auch die Axialkraft der hydraulisch belasteten Mitnehmerbolzen aufnehmen. Beide Kräfte kann man berechnen. Radial wirken die Schnittkräfte der Drehwerkzeuge auf den Mitnehmer und die Reitstockspitze, während die Mitnehmerbolzen das Drehmoment übertragen. Die Stirnseitenmitnehmer werden für alle Werkstückgrößen gebaut.

IV. Kraftbetätigte Werkstückspanner

Obwohl die kraftbetätigten Werkstückspanner im allgemeinen in ein Sondergebiet fallen, sollen sie doch hier in ihren Hauptmerkmalen vorgestellt werden. Einige ihrer *Elemente* ähneln denen der besprochenen handbetätigten Spanner; in ihrem *Aufbau* sind die beiden Spannerarten jedoch grundverschieden. Während die handbetätigten unabhängig von einer maschinellen Krafterzeugung sind, benötigen die kraftbetätigten unbedingt eine solche Anlage. Die handbetätigten sind *ortsveränderlich* und können an jeder geeigneten Werkzeugmaschine eingesetzt werden; die kraftbetätigten sind in den meisten Fällen zu einem *Bestandteil der Maschine* geworden.

61. Erwägungen zur Wirtschaftlichkeit. Die Frage „hand- oder kraftbetätigte Spannzeuge" kann nur durch Untersuchungen auf Wirtschaftlichkeit beantwortet werden. Hier spielen außer den Gestehungskosten auch die einzusparenden Nebenzeiten eine Rolle. Handbetätigte Spanner sind zwar in der Erstellung wesentlich billiger; sie benötigen aber bei gleichem Spannweg und gleicher Spannkraft längere Spannzeiten. Ihr Hauptanwendungsgebiet liegt daher in der Einzel-, Klein- und Mittelserienfertigung. Das sind die verbreitetsten Fertigungsarten. Sie behalten auch bei fortschreitender Automatisierung ihre Bedeutung.

Während bei Großstückzahlen die Kürzung der Nebenzeiten um Sekunden notwendig sein kann und deshalb hohe Aufwendungen für die Spanneinrichtungen gerechtfertigt sind, wird man bei kleineren Stückzahlen zurückhaltender sein müssen. Ein hoher Aufwand zur Einsparung von Sekunden amortisiert sich hier nicht.

Die gewünschten Spannwirkungen lassen sich zwar — wenn von der Spanngeschwindigkeit abgesehen wird — mit beiden Systemen erreichen; bei den kraftbetätigten Spannern kann aber die Spannkraft genauer eingestellt und die Spannzeit energischer verkürzt werden. Die Entlastung des Maschinenarbeiters von schwerer körperlicher Anstrengung läßt sich hier auf elektrohydraulischem Wege unschwer bis zur Druckknopfsteuerung durchführen.

Aber nicht nur die körperliche Anstrengung bei jedem einzelnen Schaltvorgang ist bei der Entscheidung, ob Hand- oder Kraftbetätigung vorzusehen ist, zu berücksichtigen; auch die Häufigkeit der Spannvorgänge fällt ins Gewicht. Wenn die Hauptzeiten kurz sind, folgen auch die Schaltungen schnell aufeinander; ihre Bewältigung durch handbetätigte Spanner ist dann schwer vertretbar. Bei der Planung der Betriebsmittel ist deshalb zu berücksichtigen, daß der Maschinenarbeiter nicht nur hinsichtlich der aufzuwendenden Körperkraft nicht überfordert wird, sondern daß sich auch die Anzahl der Schaltungen je Zeiteinheit in zumutbarem Rahmen hält. Bei schnell aufeinanderfolgenden Schaltvorgängen wird man sich immer für den Einsatz von kraftbetätigten Spannern entscheiden müssen.

Kraftbetätigte Spanneinheiten finden bevorzugte Anwendung bei der Fertigung von Großstückzahlen sowohl bei einzelnen wie auch bei verketteten Werkzeugmaschinen. Eine Automatisierung ist ohne sie nicht denkbar. Am bekanntesten sind die kraftbetätigten Spanner an Drehmaschinen und Revolverbänken geworden. Hier treten sie in Form von Sonderspannzeugen, Futtern, Zangen, Dornen usw. auf. In den Fertigungsstraßen finden sich kraftbetätigte hydraulische Ausricht- und Spannvorrichtungen, Werkstückwende- und Verschiebeeinrichtungen.

62. Hydraulik-, Preßluft- oder Elektrospanner? Als Betriebsmittel werden Drucköl, Preßluft, Elektrizität oder auch Verbindungen dieser Mittel verwendet. Bei den kombinierten Anlagen dient *ein* Mittel dem eigentlichen *Spannen*, ein anderes dem *Steuern* des Spannvorgangs (Hydraulik mit elektrischer Druckknopfsteuerung) oder der *Druckübersetzung* (Preßluft bei hydraulischen Spannern). Wenn durch Wirtschaftlichkeitsberechnungen festgestellt wurde, daß der Einsatz von Kraftspannern zweckmäßig erscheint, dann ist zu untersuchen, *welches Betriebsmittel* am geeignetsten ist.

Preßluft ist in fast allen größeren Werkstätten vorhanden und kann dem Rohrleitungsnetz entnommen werden. Der Netzdruck beträgt im allgemeinen jedoch nur 5 $\cdots$ 6 atü. Werden von dem Spanner hohe und höchste Spannkräfte verlangt, dann werden bei Preßluftspannung die Zylinder sehr groß. Das macht sich nicht nur hinsichtlich des Platzbedarfs bemerkbar, sondern es werden auch bei umlaufenden Vorrichtungen, wie sie bei Drehmaschinen üblich sind, die Schwungmomente ganz erheblich. Schon aus diesem Grunde führt man heute die Zylinder und die Spannfutterkörper in Leichtbauweise aus.

Zur Ausübung besonders hoher Spannkräfte ist die Verwendung *hydraulischer Mittel* geeigneter. Hier wird mit höheren Drücken — im allgemeinen mit 20 $\cdots$ 30 atü — gearbeitet. Zylinder und Kolben sind in ihren Ausmaßen kleiner und können leichter untergebracht werden. Wenn eine Werkzeugmaschine schon mit Ölhydraulik ausgerüstet ist, macht der Anschluß und die Nutzung des vorhandenen Öldrucks keine Schwierigkeiten. Im anderen Fall muß der Spanner mit einer Druckölpumpe versehen werden. Das verteuert die Spanneinrichtung ganz erheblich. Sind an einer Werkzeugmaschine nacheinander verschiedene Kraftspanner zu betreiben, so kann es zweckmäßig sein, an die Maschine ein bleibendes Druckölpumpenaggregat anzubauen, an das der jeweilig benötigte Werkstückspanner angeschlossen wird. Derartige Umstellungen lohnen sich aber immer nur bei größeren Werkstückzahlen. In den letzten Jahren wurden die Werkzeugmaschinen jedoch mehr und mehr mit Drucköleinrichtungen ausgerüstet; dadurch gewinnt auch die Anwendung von Druckölwerkstückspannern immer mehr an Boden.

Neben den hydraulischen und pneumatischen Spanneinrichtungen führen sich aber auch die *Elektrospanner* ein. Die elektrische Energie wird hier nicht auf dem Umweg über ein Druckmittel (Öl oder Luft), sondern unmittelbar durch einen eingebauten Motor auf den Werkstückspanner wirksam. Die vom Antrieb getrennte Anbringung des eigentlichen Spanners wird auch hier durchgeführt. Antrieb und Werkstückspanner sind je ein selbständiges Gebilde. Die Spannkraft wird von dem Antrieb über eine Verbindungsstange auf den Werkstückspanner übertragen (vgl. Abschn. 63).

Die Preßluft- und die Druckölspanner verfügen in ihren Druckmitteln über eine natürliche Spannarbeitsspeicherung. Eine motorisch angezogene Gewindespindel setzt zwar die einzelnen Teile unter erhebliche Spannung, ihre Spannkraftreserve ist wohl auch der Handspannung überlegen, genügt aber noch nicht den Anforderungen, die an sicheres — nachgreifendes — Spannen bei schweren Schnitten gestellt werden müssen. Das wird erst erreicht durch Einbau eines Federpaketes zwischen Elektromotor und Werkstückspanner.

63. Handelsübliche Preßluft- und Hydraulikspanner. In den Abb. 91 und 92 sind 2 handelsübliche kraftbetätigte Spanneinrichtungen der Firma Paul Forkardt schematisch dargestellt. Der eigentliche Werkstückspanner (das Dreibackenfutter)

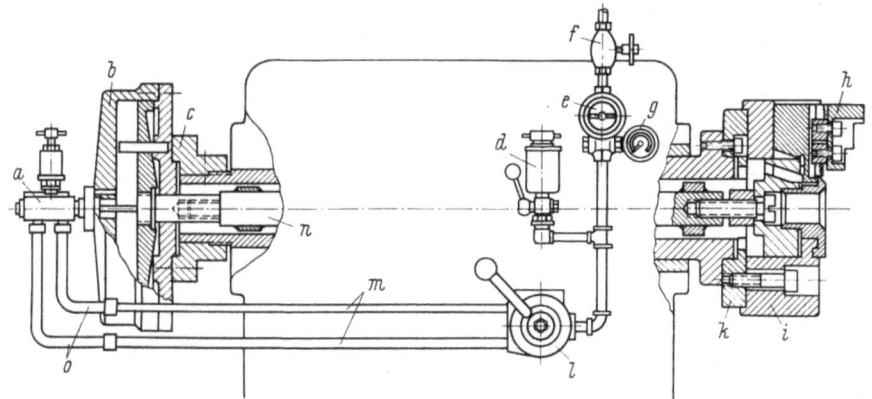

Abb. 91. Preßluftspanneinrichtung (nach Forkardt)
a Luftzuführung; *b* Preßluftzylinder; *c* Zylinderflansch; *d* Öler; *e* Druckminderventil; *f* Absperrventil; *g* Druckmesser; *h* Spannbacke; *i* Futterkörper; *k* Zwischenscheibe; *l* Handsteuerhahn; *m* Rohrleitungen; *n* Verbindungsstange; *o* Preßluftschläuche

kann in gleicher Ausführung sowohl pneumatisch als auch hydraulisch oder elektrisch betätigt werden. Schon der bildliche Vergleich zeigt, daß zwischen den beiden Spannern erhebliche Unterschiede im Aufwand bestehen. Für den Preßluftspanner wird die Energie aus dem Rohrleitungsnetz entnommen; er benötigt keine eigene

Erzeugeranlage. An das Netz können, der zentralen Verdichterleistung entsprechend, beliebig viele Preßluftspanner durch einfache Schlauchverbindungen angeschlossen werden.

Günstiger bezüglich des *Platzbedarfs* für den Spannzylinder liegen die Verhältnisse bei den hydraulisch betätigten Spannern. Wenn die Werkzeugmaschine mit hydraulischen Einrichtungen ausgerüstet ist, kann unschwer hydraulische Energie zur Betätigung der Spannzylinder entnommen werden. In diesem Fall erübrigt sich die in Abb. 92 gezeigte Pumpenanlage. Ist jedoch in Ermangelung von Drucköl

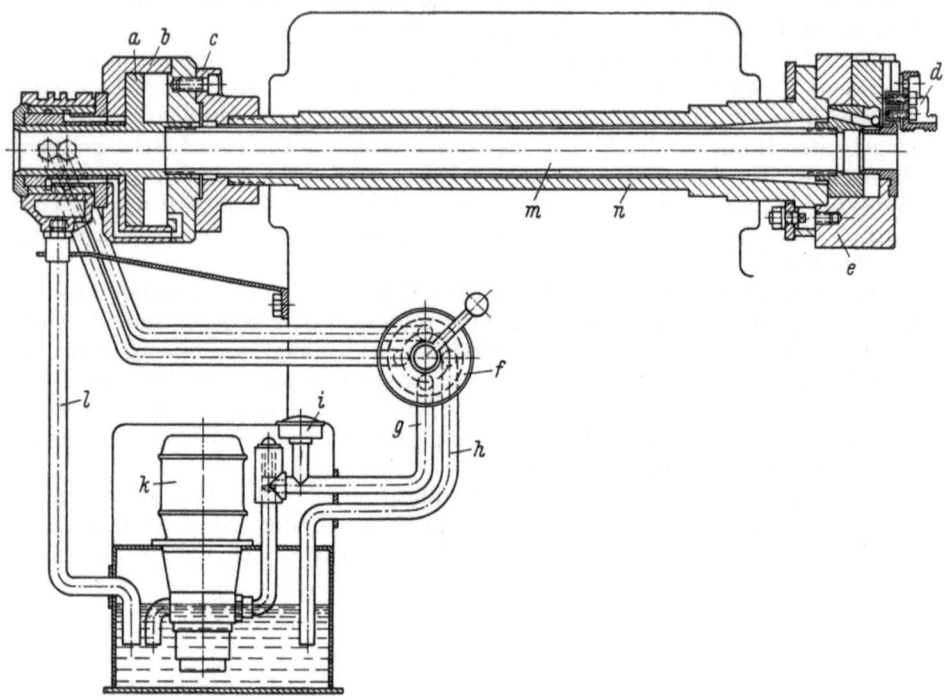

Abb. 92. Druckölspanneinrichtung (nach Forkardt)
$a \cdots c$ Druckölspannzylinder; $d \cdots e$ Spannfutter (Werkstückspanner); $f \cdots l$ Drucköl-Pumpenaggregat mit Steuerorganen und Leitungen
a Druckkolben; b Zylinder; c Zylinderflansch; d Spannbacke; e Futterkörper; f Handsteuerhahn; g Öldruckleitung; h Ölrücklauf; i Manometer; k Elektromotor mit Druckölpumpe; l Leckölablauf; m Verbindungsrohr (bzw. Verbindungsstange); n Maschinenspindel

ein Pumpenaggregat zu beschaffen, dann amortisiert sich die Anlage schneller, wenn mehrere Werkstückspanner angeschlossen werden können. Die Größe des Aggregates richtet sich dann nach der Anzahl der Anschlüsse. Es ist jedoch auch zu erwägen, ob es nicht zweckmäßiger ist, auf pneumatische und hydraulische Mittel zu verzichten und einen Elektrospanner vorzusehen. Man hat dann nur noch eine Energiequelle für den Maschinenantrieb und die Spanneinrichtung.

64. Kraftbetätigte Sondervorrichtungen finden in der Klein- und Mittelserie noch wenig Anwendung. Die geringen Stückzahlen gestatten im allgemeinen den hohen Aufwand nicht. Hier sind die wesentlich billigeren handbetätigten hydraulischen Spanner am Platz. Es ist jedoch bei der Planung der Betriebsmittel immer zu untersuchen, ob nicht für Teile, die sich ähneln, eine universale Sondervorrichtung bereitgestellt werden kann. Da durch eine solche Universalvorrichtung viele Einzelvorrichtungen entfallen, lohnt sich hier der höhere Aufwand für eine kraftbetätigte Spanneinrichtung. Auch für Großvorrichtungen, die an sich einen hohen Wert darstellen, kann der Einbau kraftbetätigter Spannmittel zweckmäßig sein.

Das breiteste Anwendungsgebiet für kraftbetätigte Sondereinrichtungen liegt bei den Großstückzahlfertigungen. Hier finden sich nicht nur die bekannten kraftbetätigten Spanneinrichtungen für Drehmaschinen, sondern auch alle anderen Vorrichtungsarten. Die Vorrichtungen sind, je nach anfallender Werkstückzahl, halb- oder ganzautomatisiert. Die halbautomatischen sind heute noch am weitesten verbreitet. Bei ihnen ist nur der Spann- und Ausrichtvorgang maschinell mechanisiert. Das Einlegen der Werkstücke, das Steuern des Spannvorgangs und der Maschine erfolgen von Hand. Bei den ganzautomatischen Einrichtungen sind neben dem Spannen und Ausrichten auch alle anderen Vorgänge durch hydraulisch-, pneumatisch- oder elektrischbetriebene Organe mechanisiert. Menschliche Arbeitskräfte führen nur noch überwachende Funktionen aus.

Die hydraulischen, pneumatischen oder elektrischen Aggregate können unmittelbar oder mittelbar auf das Werkstück wirken. Bei unmittelbarem Einsatz drückt die verlängerte Kolbenstange des Hydraulik-, Pneumatik- oder Elektrospanners unmittelbar auf die Werkstückspannstelle. Das ist im allgemeinen die einfachste Anordnung einer Werkstückspannung. In allen Fällen, wo dieses einfache Verfahren nicht anwendbar ist, vermitteln die schon im klassischen Vorrichtungsbau üblichen Zwischenglieder (Spanneisen, Vorsteckscheiben, Schwenkeisen, Kniehebel, Keilflächen, Exzenter usw.) die Kraftübertragung von der Kolbenstange auf die Werkstückspannstelle.

Die einschlägige Industrie hält heute schon eine Fülle von in der Praxis bewährten Elementen für den Bau von kraftbetriebenen Werkstückspannern bereit: Vollständige Preßluft- und Hydraulikzylinder, Elektrospanner, Krafterzeuger, Steuerorgane, Hochdruckleitungen, Hochdruckarmaturen und andere Einbauteile. Es lohnt sich nicht mehr, diese Teile im eigenen Werk herzustellen. In diesen handelsüblichen Elementen stecken Erfahrungen, die nicht von heute auf morgen erworben werden können.

V. Die Fertigung hydraulischer Werkstückspanner

65. Zusammenarbeit von Gestaltung und Fertigung. In einzelnen Abschnitten wurde schon auf Besonderheiten, die von der Fertigung zu beachten sind, hingewiesen. Diese Hinweise wurden für die Gestaltung gegeben und finden dementsprechend ihren Niederschlag in den Zeichnungen, nach denen die Fertigung arbeitet. Es gibt jedoch Teile, deren Herstellung durch zeichnerische Angaben nicht eindeutig festgelegt werden kann.

Die *Bemessung* der Vorrichtungsteile hat sich innerhalb der Grenzen zu halten, die sich aus Berechnung und Erfahrung ergeben. Es ist aber nicht falsch, wenn der Vorrichtungskonstrukteur den hoch beanspruchten Teilen bewußt einen höheren Sicherheitszuschlag gibt, als allgemein im Maschinenbau üblich ist. Das gilt besonders für Fräsvorrichtungen. Es genügt nicht, eine Spannbrücke für einen hydraulischen Werkstückspanner nur nach dem Gefühl zu bemessen oder sich ausschließlich auf Berechnungen allein zu stützen. Für den Konstrukteur gilt es hier in erster Linie einmal Erfahrungen zu sammeln, und diese erhält er nur durch gute Zusammenarbeit mit der Werkstatt. Aber auch die Werkstätten (Betriebsmittel- und Objektfertigung) sollten sich entgegenkommend zeigen.

Es ist zum Beispiel unerläßlich, den Konstrukteur an der Erprobung seiner Vorrichtung teilnehmen zu lassen. Jede Vorrichtung ist in den weitaus meisten Fällen ein Erstling; sie weist noch Mängel auf. Es schadet dem Ansehen des Konstrukteurs nicht, wenn er bei der Erprobung noch eingreift, wenn er Mängel abstellt, den Spanablauf verbessert, hier und da noch ein paar Abrundungen vorsieht, die Griffelemente noch handlicher anordnet usw.

Es wird – hin und wieder mit Berechtigung – eingewendet werden: diese Überlegungen sind alle schon am Zeichenbrett anzustellen; die Vorrichtung muß so vom Zeichenbrett kommen, daß sie das Optimum an Funktionstüchtigkeit bietet. Die Praxis zeigt im allgemeinen ein anderes Bild. Objekt- und Betriebsmittelkonstruktion arbeiten nach voneinander abweichenden Gesichtspunkten. Bei der Objektkonstruktion wird jedes Detail schon auf dem Brett in allen Einzelheiten durchgearbeitet. Es wird nach allen Richtungen betrachtet; es wird untersucht, ob es konstruktiv, funktionsmäßig und fertigungstechnisch allen neuzeitlichen Forderungen gerecht wird. Je größer die Serie ist, in der das Objekt aufgelegt werden soll, um so sorgfältiger müssen diese Untersuchungen durchgeführt werden; hier macht sich die gründlichste Durcharbeitung bezahlt, und hier wird auch dem Konstrukteur die notwendige Zeit für diese Untersuchungen zugebilligt werden müssen.

Bei der Betriebsmittelkonstruktion stehen andere Gesichtspunkte im Vordergrund. Selbstverständlich muß auch hier verlangt werden, daß jede Vorrichtung, die das Brett verläßt, einsatzfähig ist. Vorrichtungen werden aber im allgemeinen nur einmal gefertigt, sollen möglichst billig sein und möglichst bald zum Einsatz kommen. Dem Konstrukteur wird hier nicht die Zeit zugestanden, jedes Einzelteil nach den Gesichtspunkten der Objektkonstruktion zu behandeln. Es ist also immer damit zu rechnen, daß bei der Fertigung der Vorrichtung noch einige Verbesserungsmöglichkeiten auftauchen. Wenn das in vertretbarem Rahmen bleibt, ist nichts dagegen einzuwenden. Wichtig ist nur, daß die Vorrichtung beim *Einsatz* die optimale Güte aufweist und ihr Kostenaufwand sich in möglichst kurzer Zeit amortisiert.

66. Herstellung und Erprobung der Zylinderbohrungen. Wenn für den Sitz der Kolben in den Zylinderbohrungen die Passung H 7/h 6 oder H 7/g 6 verlangt wird, kann das Spiel verschieden groß ausfallen. Wenn nämlich die Istmaße der Kolbendurchmesser und der Zylinderbohrungen in die Toleranzgrenzen fallen, z. B. Größtmaß von H 7 mit Kleinstmaß von h 6, dann haben Kolben und Bohrung für den vorliegenden Fall zuviel Spiel. Es darf also auf der Zeichnung bei der Vermaßung dieser Teile nicht der Hinweis fehlen: Kolben in die Bohrung öldicht eingeläppt. Die Fertigung achtet dann darauf, daß die Einzelteile bei der Bohrung das Kleinstmaß und bei der Welle das Größtmaß haben. Selbstverständlich sind nun Kolben und Bohrung nicht mehr in jedem Fall austauschbar. Das ist aber, da diese Vorrichtungen immer nur in Einzelausführungen gefertigt werden, auch nicht von besonderer Bedeutung. Wichtig ist in erster Linie ihre Brauchbarkeit. Hierzu gehört, daß sich jeder Kolben ohne Hemmung bewegen läßt, aber gegen den Austritt des zur Verwendung kommenden Druckmittels dicht ist. Andererseits dürfen die Kolben beim Betrieb der Vorrichtung nicht infolge von Verformungen klemmen. Gegebenenfalls müssen sie mit Vorsicht etwas nachgeläppt werden.

Da erfahrungsgemäß in der Werkstatt die Spannorgane der Vorrichtungen meistens überbeansprucht werden, sind bei der Erprobung die zulässigen Endstellungen der Druckschrauben oder Spannklappen festzulegen. Nur wenn die Vorrichtung dabei einwandfrei arbeitet, darf sie bei der Serienfertigung eingesetzt werden. Zeigt sich bei dieser Probe, daß der Kolbenträger nicht starr genug ist, dann hilft nur die Neukonstruktion und Neufertigung eines besser bemessenen Trägers. Jedes Flickwerk ist hier unangebracht; es bildet nur eine unversiegbare Quelle ständigen Ärgers.

67. Einfüllen der plastischen Masse. Die plastische Masse Weichmipolam ist bei Zimmertemperatur gallertig und kann in diesem Zustand nicht in die engen und manchmal winkligen Druckkanäle gefüllt werden. Man erwärmt die Masse deshalb in einem Ölbad auf 150 °C. Bei dieser Temperatur ist sie flüssig und läßt sich leicht vergießen. Höhere Temperaturen verträgt sie nicht. Es ist darauf zu achten, daß sie an den Gefäßwänden und am Gefäßboden nicht örtlich überhitzt wird. Sie zersetzt sich sonst oder verkohlt.

Damit sie beim Vergießen nicht vorzeitig an den Kanalwänden erstarrt, muß man den Vorrichtungsteil, in dem sich die Kanäle befinden, ebenfalls erwärmen.

Beim Eingießen ist darauf zu achten, daß aus den Kanälen, Winkeln, Abzweigungen usw. alle Luft entweicht. Die Masse erstarrt nach dem Erkalten wieder in ihren gallertigen Ausgangszustand. Lufteinschlüsse entweichen dann nicht mehr, können aber eine einwandfreie Druckübertragung in Frage stellen. Es ist schon bei der Konstruktion darauf zu achten, daß bei der Kanalführung keine Ecken und Winkel entstehen, die eine Luftpolsterbildung begünstigen.

Der *Füllvorgang* (vgl. Abb. 20, S. 15) verläuft wie folgt: Der auf 150 °C erwärmte Spannkörper a wird so in einen Schraubstock gespannt, daß das Füllschraubengewinde nach oben steht. Die Füllschraube g ist entfernt, die Verschlußschraube i eingeschraubt. Anstelle der Werkstücke wird ein der Werkstückhöhe entsprechendes Flacheisen eingelegt. Die Spannkolben e werden bis an diese Werkstückattrappe vorgeschoben. Die Druckschraube b wird um einen bestimmten Betrag — durch Versuch zu ermitteln — hinter die Betriebsstellung zurückgedreht und der Druckkolben c entsprechend zurückgezogen. Hier braucht nicht ängstlich vorgegangen zu werden. Ob die Druckschraube 10 oder 15 mm zurückgedreht wird, ist belanglos; wichtig ist, daß sie überhaupt zurückgenommen wird. Nun kann die flüssige Masse vorsichtig eingegossen werden, und zwar bis über die Gewindebohrung der Einfüllöffnung. Die Masse schwindet beim Abkühlen der Vorrichtung; es ist soviel flüssige Masse luftfrei nachzugießen, bis die abgekühlte Masse über dem Einfüllgewinde stehen bleibt.

Sind Vorrichtung und Masse auf Werkstattemperatur erkaltet, dann setzt man die Füllschraube ein und zieht sie kräftig nach. Ist es gelungen, die Masse luftfrei einzubringen, dann sitzt die Füllschraube nach einigen Umdrehungen fest; die Masse ist gleichmäßig gespannt. Man öffnet nun die Verschlußschraube und zieht die Füllschraube fest auf ihre Dichtung. Überschüssige Masse quillt aus der Verschlußschraubenöffnung ab. Man zieht nun die Druckschraube bis auf einige Umdrehungen in die später gewünschte Spannstellung. Dabei läuft ebenfalls noch überschüssige Masse ab. Die Verschlußschraube wird dann eingesetzt und die Druckschraube kräftig nachgezogen. Das ganze System steht nun unter Spannung; die Spannkolben halten die Werkstückattrappe mit der im späteren Einsatz vorgesehenen Betriebsspannung fest.

68. Kontrolle des Spannvorgangs. In gespanntem Zustande wird die Stellung der Druckschraube gegenüber einem naheliegenden Festpunkt markiert oder der Abstand des Kopfes vom Spannkörper aus gemessen (s. Abstand k in Abb. 20). Wenn die Druckschraube zur Kontrolle mehrmals gespannt und entspannt wird, darf in gespanntem Zustande der Abstand k nicht wesentlich schwanken. Ist das doch der Fall, dann tritt irgendwo plastische Masse aus (was im allgemeinen leicht festzustellen ist), oder es sind im Kanalsystem Luftblasen eingeschlossen. Diese werden, je nach Größe des ausgeübten Druckes mehr oder minder stark verdichtet; der Abstand k wird dementsprechend größer oder kleiner als die vorgesehene Spannstellung. Das könnte belanglos sein, wenn der Druck an jeder Stelle stehenbliebe. Liegt aber beispielsweise unter irgendeinem Spannkolben eine Luftblase, dann wird der entsprechende Kolben beim Werkzeugangriff soviel nachgeben, wie sich die unter ihm liegende Luftblase verdichten läßt. Damit ist die Spannsicherheit des Systems in Frage gestellt. Schwankt beim Spannen der Abstand k wesentlich, dann ist es zweckmäßig, den Füllvorgang noch einmal sorgfältig zu wiederholen.

Fallen die *Spannversuche* an der Attrappe zur Zufriedenheit aus, so werden Spannproben mit Werkstücken vorgenommen. Dabei klopft man die Werkstücke in gespanntem Zustande einzeln mit einem kleinen Stahlhammer ab. Der geübte Werkzeugschlosser hört am Klang, ob die Werkstücke richtig und gleichmäßig gespannt sind. Erst nach dieser Probe darf die Vorrichtung für den Gebrauch in der Fertigung freigegeben werden.

Aus besonderem Grund wurde hier so eingehend über den Füllvorgang und die darauffolgenden Spannkontrollen gesprochen. Wird nämlich nicht so sorgfältig vorgegangen, dann kann besonders dort, wo hydraulische Werkstückspanner erstmalig eingesetzt werden, Mißtrauen gegen diese Betriebsmittel aufkommen; sie werden wohl gar abgelehnt. Es gilt also, diesen Einrichtungen durch sorgfältige Ausführung einen guten Start zu geben.

69. Behandlung der Dichtungen. Die Laufstelle, über die eine Dichtung gleitet, ist ganz besonders sorgfältig zu fertigen. Sie muß drallfrei sein und die Rauhtiefe ihrer Oberfläche sollte 2 μm nicht wesentlich überschreiten. Es ist aber zu beachten, daß weiter getriebene Oberflächenglätte zu negativen Dichtergebnissen führen kann. Die feingefertigten Oberflächen dürfen auf keinen Fall beschädigt werden. Riefen, Kratzer, Druckstellen usw. sind vor dem Zusammenbau zu entfernen. Besondere Beachtung verdient der Zustand der Manschettendichtkanten (Dichtlippen). Sie sind sorgfältig gegen Verletzung zu schützen. Auch geringfügige Beschädigung kann die Abdichtwirkung herabsetzen. Beim Zusammenbau ist darauf zu achten, daß die Manschetten nicht mit den Lippen voraus über scharfkantige Dreheinstiche, Rillen oder Kanaldurchbrüche gestoßen werden. Um dies von vornherein zu verhüten, ist schon von der Konstruktion vorzuschreiben, daß jede Kante, über die eine Dichtung beim Einbringen oder im Betrieb gleiten muß, gut zu brechen ist.

Wichtig ist auch, daß die Manschetten mit ihren Kolben zentrisch laufen; daß die Dichtlippen in der Zylinderbohrung an jeder Stelle mit gleicher Vorspannung anliegen. Ehe die Manschetten eingebaut werden, sind Kolben und Zylinderbohrung gründlich zu säubern und gut mit Öl oder Fett zu bestreichen. Unangenehme Überraschungen lassen sich durch Beachtung der Einbauvorschriften, die von den Manschettenlieferfirmen herausgegeben werden, weitgehend vermeiden. Beim Einbau von Nutringen — das gilt sowohl für die Konstruktion wie auch für die Fertigung — ist zu berücksichtigen, ob die innere oder äußere Dichtlippe der Gleitbewegung ausgesetzt ist. Die Laufstellen sind dementsprechend zu behandeln.

O-Ringe sind vor ihrem Einbau genau auf ihre Unversehrtheit zu untersuchen. Die von den Lieferfirmen angegebenen Nutabmessungen und die empfohlene Zylinder-Kolben-Passung ist einzuhalten.

70. Unfallgefahr beachten! Eine unabdingbare Forderung wird an alle Vorrichtungen gestellt: sie müssen in jeder Hinsicht unfallsicher sein. Die Verwendung hoher Drücke bringt eine gewisse Unfallgefahr mit sich, man braucht aber keine übertriebenen Befürchtungen zu haben. Wenn, was immer verlangt werden muß, schon bei der Konstruktion alle Sicherheitsmaßnahmen berücksichtigt und beim Einsatz die üblichen Vorsichtsmaßnahmen beachtet werden, ist der Umgang mit hydraulischen Werkstückspannern nicht gefährlicher als der Umgang mit jedem anderen, richtig konstruierten Betriebsmittel. Hydraulikspanner an sich sind insofern harmlos, als beim kleinsten Riß das Druckmittel seinen Druck verliert.

Alle Teile, die unter Druck gesetzt werden, sind so zu bemessen, daß sie auch unter Überbeanspruchung nicht zerreißen. Werden die Träger des hydraulischen Systems aus Grauguß gefertigt, so ist darauf zu achten, daß die Kanäle lunkerfrei sind. Das gilt auch für die Gewinde der Druckschraube, des Einfüllstutzens und der Gewindestopfen.

Die Spannung, mit der das Werkstück gehalten wird, muß in jedem Fall so groß sein, daß es beim Werkzeugangriff nicht herausgerissen werden kann. Mangelhafte Halterung eines Werkstücks führt nicht nur zur Zerstörung des Werkzeugs; abspringende Werkzeugbruchstücke oder Werkstücke gefährden auch die Menschen.

VI. Schrifttum und Firmen

Zum weiteren Eindringen in das Gebiet der Spannvorrichtungen dienen die folgenden Hinweise.

1. Schrifttum über Werkstückspanner allgemein:

SCHREYER, K.: Werkstückspanner (Vorrichtungen), 2. Aufl., Berlin/Göttingen/Heidelberg: Springer 1959.
SCHEIBE, H. E.: Hilfsbuch für Vorrichtungskonstrukteure, 6. Aufl., Braunschweig: Schmidt 1958.
MAURI, H.: Vorrichtungsbau I, II, III, Werkstattbücher Heft 33, 35 u. 42. Berlin/Göttingen/Heidelberg: Springer-Verlag.
DEURING, K.: Spannen im Maschinenbau, 2. Aufl., Werkstattbücher Heft 51. Berlin/Göttingen/Heidelberg: Springer 1953.
FERLING, WILH. PH.: Grundsätzliches zur Konstruktion und zum Einsatz von Betriebsmitteln. Bern (Schweiz). Techn. Rundschau 50 (1958) Nr. 24 u. 33.
FERLING, WILH. PH.: Vorrichtungen so? – oder so? Freiburg: Z. wirtschaftl. Fertigung 54 (1959) Nr. 4.
DIN 1331: Formelzeichen in der allgemeinen Hydraulik.

2. Schrifttum über hydraulische Spanner und Teilgebiete:

KRUG, H.: Flüssigkeitsgetriebe bei spanenden Werkzeugmaschinen, Berlin/Göttingen/Heidelberg: Springer 1959.
LUKOWSKI, J.: Kraftbetätigte Spannzeuge, München: Hanser 1957.
FERLING, WILH. PH.: Umgang mit Schnellspann-Bohrvorrichtungen. Werkstatt und Betrieb 90 (1957) Nr. 2.
TRUTNOWSKY, K.: Dichtungen, Werkstattbücher Heft 92. Berlin/Göttingen/Heidelberg: Springer 1949.

3. Firmen:

Dynamit-Aktien-Gesellschaft Troisdorf: Plastische Masse Weichmipolam.
Carl Mahr, Eßlingen a. N.: Dehndorne und Schrumpffutter.
Maschinenfabrik Hilma GmbH, Hilchenbach/Westf.: Hydr. Einbau-Elemente und Hydraulikschraubstöcke.
Asbest- und Gummiwerke Martin Merkel K.G., Hamburg-Wilhelmsburg: Handbuch „Dichtelemente": Dichtungen und Dichtprobleme.
Simrit-Werk Carl Freudenberg, Weinheim/Bergstraße: Dichtungen und Dichtprobleme.
Paul Forkardt, Düsseldorf: Kraftbetätigte Futter.
Kosta-Spannwerkzeuge, Präzisionswerkzeugfabrik, Stuttgart-Zuffenhausen.

Der Verfasser dankt auch an dieser Stelle seinen Mitarbeitern für die wertvolle Hilfe und den oben genannten Firmen für die in freundlichem Entgegenkommen zur Verfügung gestellten Unterlagen.

MIX
Papier aus verantwortungsvollen Quellen
Paper from responsible sources
FSC® C105338

If you have any concerns about our products,
you can contact us on
ProductSafety@springernature.com

In case Publisher is established outside the EU,
the EU authorized representative is:
**Springer Nature Customer Service Center GmbH
Europaplatz 3, 69115 Heidelberg, Germany**

Printed by Libri Plureos GmbH
in Hamburg, Germany